现代景观规划设计丛书

美国公寓规划设计

王福义　编著

中国建筑工业出版社

图书在版编目(CIP)数据

美国公寓规划设计/王福义编著. —北京: 中国建筑工业出版社, 2004
(现代景观规划设计丛书)
ISBN 7-112-06765-0

Ⅰ.美... Ⅱ.王... Ⅲ.住宅－建筑设计－美国
Ⅳ.TU241.2

中国版本图书馆 CIP 数据核字（2004）第 073442 号

本书包括美国公寓规划设计的理论与实例两大部分。全书阐述了美国公寓的类型和适用人群；公寓选址；公寓总平面设计；公寓单元平面的一般组成；建筑风格；建筑材料和构造等的内容。全书图文并茂，配有大量的平面图、透视图以及众多实例等。

本书可作为广大建筑师、建筑院校师生的良师益友。

* * *

责任编辑：吴宇江
版式设计：彭路路
责任校对：李志瑛　刘玉英

现代景观规划设计丛书
美国公寓规划设计
王福义　编著
*
中国建筑工业出版社 出版、发行(北京西郊百万庄)
新 华 书 店 经 销
北京嘉泰利德科技发展有限公司制版
北京中科印刷有限公司印刷
*
开本：880 × 1230 毫米　1/16　印张：7　字数：220 千字
2004 年 12 月第一版　　2004 年 12 月第一次印刷
印数：1—2,500 册　　定价：65.00 元
ISBN 7-112-06765-0
TU · 5913(12719)

本社网址：http://www.china-abp.com.cn
网上书店：http://www.china-building.com.cn

前 言

美国是个经济发达的国家，它的住宅建设走在世界前列，解决的比较好，多数人都能根据自己的需要与可能，选择适合于自己情况的住宅。

美国人住什么房子呢？有关资料表明，大约占全国人口2/3或更多一点的人住在各式各样的独立式住宅(single house)里。大约占全国人口1/3或更少一点的人住在各种不同类型的公寓(apartment)里。很多美国人往往是刚步入社会时，由于经济条件尚不富裕，工作地点变动较多，所以常常首先选择租住公寓。以后，随着经济条件的改善又会移到独门独户的跃层联排公寓(town house)里去。如果经济条件进一步富裕起来，那么就要考虑购买长久居住的独立式住宅了。另外还由于其他原因，如年龄的变化，或因工作情况的优劣与否而进行的多次搬迁，也常常会租公寓住。这样公寓就成为住宅系统中的一个不可或缺的重要分支，也是一定人群乐于选择的居住形式了。

美国人已经搞了200多年的市场经济，他们在建造各种住宅上积累了不少有益的经验。美国公寓建筑类型较多，服务面广，能适应市场经济条件下的不同人群的各种需求，有些经验对改进我们的居住条件，对踏上市场经济而又快速发展的我国住宅建设事业，可能会有一定的参考价值。通过借鉴别人的长处少走弯路，更好地改善我国相应人群的居住条件，具有明显的现实意义。

作者通过多年的考察和积累获得了一些公寓建设的资料，拟介绍给我国广大住宅建设的同行们和广大关心住宅建设的朋友们，希望对他们的工作有所裨益，也希望能更好地为广大公寓居住者服务。

由于各种条件的限制，书稿中可能会有错误和不当之处，衷心地希望朋友们指正，以便改进。谢谢！

目 录

‖·上篇·美国公寓规划设计‖

一、居住区的环境问题

春来繁花满枝头，夏日草树绿油油，秋天野果红艳艳，冬雪草绿雁不走。这是美国东部和西部的一些地区的环境写照，见图1-1～图1-6。

现代人一方面要忙于快节奏的工作，另一方面又需要很好地休息，养精蓄锐准备面对明天的工作。很多美国人都把"既有城市的方便，又有乡村的自然风光"看作是选择居住区的重要理念之一，给公寓所在地选择一个美好的环境，自然是个顺理成章的事情。美国国土面积和我国相近，人口却少得多，多数居住区的环境比我国的现状要好，这样做一方面是为了提高居民的居住质量，另一方面这样做也有利于经营管理和招徕租房者。公寓区内除了尽量栽培花草树木，以减少污染和美化环境外，有的公寓还专门建有休闲健身的"散步小路"，老年人、成年人和孩子们都能够在这里找到自己的乐趣。图1-4～图1-16是某公寓旁的一条"散步小路"，也是这个小镇培育的一个风景点，供居民休闲观赏。

图 1–1　某公寓外小路——小路静悄悄，常年少人行

图 1–2　某公寓旁小路边——丁香送香杜鹃丽，春来繁花满枝头

图 1–3　某小院一隅——满院清新满院香

图1-4 某散步小路上的小桥，可供居民通行、观景、垂钓

图 1-5 松鼠在路旁草地上嬉戏、觅食

图 1-6 某散步小路，触景生情——春天育雏黄满地，夏秋处处闻雁鸣。冬令已至雁不去，只缘此地水草丰

图1-7　福克斯瑞公寓旁散步小路边的一个风景点——小河流水，草木青青。标牌上写着“请保持平原镇的清洁美丽”

图 1-8　福克斯瑞的散步小路上，老人在散步，大人陪着孩子们骑车游玩

图 1-9 福克斯瑞公寓散步小路旁的池塘，池塘上有人在泛舟垂钓

图 1-10 福克斯瑞散步小路旁的钓鱼台

图 1—11 福克斯瑞公寓散步小路旁的池塘，可供观景划船

图 1—12 福克斯瑞公寓散步小路边的垃圾收集桶，标牌上写着“平原镇废品回收点”

图 1—13 某散步小路旁的休息椅凳，凳前方是废品收集桶

图1−14　福克斯瑞散步小路的一段林阴小路，远处是跨河木桥

图1−15　福克斯瑞散步小路旁的休息椅子和游戏场地，远处有大雁在休息，在觅食

图1−16　福克斯瑞散步小路旁的体育设施

图 1–17　某公寓旁的儿童游戏场

图 1–18　另一处公寓旁的儿童游戏设施

图 1−19　公寓区旁道路——人行道和车行道之间设有绿带。人行道和市镇道路交叉处做无障碍处理

图 1−20　为保护已存老橡树，人行道和橡树群相交处做成 S 形曲线

图 1−21　某公寓外的散步小路

二、公寓的类型和适用人群

● 一般社会公寓或叫做单元公寓(unit)

由若干个单元组成的一种公寓建筑，常见的为1～3层，多数为2层。这种公寓的组成相对简单，也能满足居民的基本生活要求，租金也比较低，多数公寓居民租用这种类型的公寓，实际上多数出租公寓属于这种类型(图1–22～图1–26)。

● 跃层联排式公寓(town house)

这种公寓介于单元式公寓和独立式住宅(Single House)之间的一种居住形式。原意是在市镇里的住宅。乡村里的住宅由于用地宽松，多为独立式住宅，进城建造住宅用地比较紧张，所以采取这种跃层联排式公寓。这种类型可以是2～5层，常见的3层居多，各层之间有内部楼梯相连，形成独门独户的住宅，十多个这种住宅联排建在一起就成为一栋跃层联排式公寓了。以3层的为例，一层是入口、车库、储藏室等；二层是起居室、厨房、餐室等；三层是主卧室、次要卧室和卫生间等，各层之间有内部楼梯相通。这种公寓比单元式公寓空间多，又是独门独户，比较方便舒适，但是不如独立式住宅的功能齐全，也不如其空间形式多样。事实上也是这样，一些初涉社会的年轻人，由于经济基础不富裕，一般总是先租用单元式公寓居住。一旦收入增多往往就开始筹划购买跃层联排式作为新居。再往后随着收入更好，经济条件更富裕，就要开始筹划购买带有前庭后院，生活更舒适，更加个性化的独立式住宅了。到了老年阶段，经济富裕的人仍可居住在宽畅舒适的独立式住宅里，有些人则因为子女已经长大另行成家立业，再加上这时的经济收入已不如青壮年时期多，有些老年人则卖掉独立式住宅，又回过头来住公寓了。从另一方面看独立式住宅需要房主修理庭园、割草种花园艺劳动。对于老年人这样做既费钱又劳神费时，这样对老年人已嫌负担过重，而住在公寓里，这些事情则由专门的物业管理人员去做。老人们也乐得清闲逍遥省钱省力，安享减少劳累和环境优美的好处，这也是人到老年又重新回到公寓去住的另一个重要原因。

跃层联排式公寓的前方和后方也有一片不大的土地，有的人乐意花点钱由物业管理人员管理；也有的喜欢自己负责搞点园艺工作，种花、种草、种菜，乐得个安享田园之乐，返璞归真的情趣。

● 廉租公寓(Apartment for low income)

这种公寓在平面设计和空间组合上和一般单元公寓基本一样。但是在出租条件上和普通公寓是不一样的。在出租条件的文件上明确规定必须满足一定条件才有资格租用入住(见表1–1、表1–2)，它是一种为照顾某些低收入群体而建的租金低廉的单元公寓(图2–52～图2–58)。

● 老年公寓(图2–50～图2–51)

这种公寓和单元公寓有相同的地方，也由若干个单元组成一栋老年公寓楼(或平房)，但是单元内部组成要简单一些，老人们可以租用一个房间或一个单元(通常是一间卧室、一个小的起居室、再加上餐室、厨房等)。除了个人使用部分外，在一层楼或一栋楼里还布置有公共厨房、餐厅和各种活动室——包括语言、文学、诗歌、绘画、科技活动和手工劳作、园艺讲座等等活动房间，老人们可以根据爱好自由参加。

老人们可以单独租住一间，也可能是一对老夫妻共同住一间。这种公寓里面还有比较完善的医疗保健设施和专职服务人员。有的健康老人还可以自由外出购物、游玩，也有自己开车到外面短时间参观外出办事的。老人们的亲朋好友也可以经常到公寓里探望他们。这种公寓多处在环境优美、安静的好地方，也有的有意设在和幼儿园邻近，让老人们经常可以看到活泼天真的孩子做游戏，吸收孩子们的欢乐情景，让老人们过得开心惬意。

● 自助(合作)租赁公寓(图2–62～图2–63)

是一种自我服务，可以代替旅馆，而又经济实惠的出租公寓。这种公寓设施齐全，对租房人来说像似找到了一个临时家庭，一个属于自己的家。它既有旅馆的方便、服务周到，又有比住旅馆租金低廉的特点，是一种租赁灵活性大、使用方便而又租金低廉的特别公寓。在实际生活中，它给在外地的人员提供了一种更加经济合理，更加灵活自由的选租方式。

它能为那些人提供服务呢？

• 重新定居者——美国人由于为寻找更好的工作经常迁居到异地，这时往往要卖掉原来住房另购新居。在迁到一个新地方尚未能购到中意的新住宅前，先租用这种公寓是一个较好的办法。这样可以先安排一个使用方便、经济实惠的临时的家，再进一步寻找理想的住房。

• 团体或个人到外地出差、经商、进修学习，需要较长时间在外地工作、旅游、休假，或者是访问亲友，租赁这种公寓也是一种好的选择。

● 租期签定问题

这种公寓的租用期限灵活，可以是一天、一周、一年，也可以长期租用。

这种公寓能提供哪些服务？

• 全部餐、厨的各种必需设备和用具

• 床单和卫生用品

• 保姆、服务人员(根据需要而定)

• TV／收音机

• 洗衣／干燥设备或洗衣服务

• 电话和留言设备

• 游泳池

• 欢迎携带家人和宠物

总而言之，它具有家庭的舒适方便，又有旅馆的优良环境，是设备齐全、经济实惠的一种自助服务的特别类型公寓。

● 共管公寓

由居住各户共同使用一块基地连结建成一栋或一组建筑，共同维护、共同管理的一种公寓式住宅。一般由各房主共同推选一个管理机构，管理一般公共事务和涉房事宜。各住户必须遵守共同约定的规章制度，以维护合法的买卖、转让关系、维修事务和和谐的邻里关系与良好的居住环境。

下面介绍一个优秀实例——新建的白瑟尼南岗地区共管公寓。这个公寓具有以下特征：

• 一个家庭居住在同一楼层，使用方便。

• 大楼和停车库、场均有周密的安全设施。

• 各种日常生活服务设施一应俱全，就在住处跟前。

• 个人不需要关心维修问题。

• 起居室和主要厅、室均设有9英尺高的天花屋顶。

• 具有岛式柜橱的现代厨房。

• 超大型椭圆形浸浴浴缸。

• 燃气壁炉。

• 硬木地板、大理石和瓷砖等地板分别铺设在各功能需要的房间。

• 公寓所处位置良好，容易去市中心繁华区和风景优美的夕阳红走廊地带。

• 设有中央电梯和分散各处的楼梯。

• 可以观赏到海岸和悌尤来亭河谷的美丽景色。

白瑟尼南岗地区共管公寓是一个由A楼、B楼、C楼三栋联结在一起的公寓楼。

公寓设计考虑到各种家庭的不同需要，设计出由大小不同、面积不同、性质不同的多种公寓单元组成。

A楼——4层——44个公寓单元，另加车库和停车场。

B楼——4层——35个公寓单元，另加车库和停车场。

C楼——3层——23个公寓单元，另加车库和停车场。

总共可提供102个居住单元。单元设计有A.1、A.2、A.3、A.4、A.5、A.6、A.7、B、C、D、E、F、G、H、I、J、K、L、M、N等类型，其中有的单元平面，结合设计需要可以翻转180°使用，成为另一种单元类型。

共管公寓设计上考虑了残疾人的特殊需要，除了细节上考虑了无障碍设计外，各栋楼房的一层单元专辟供残疾人使用，照顾到了残疾人的特殊需要。

共管公寓房型，从单元J—1个卧室、1个卫生间—762平方英尺，到单元C—2个卧室、1—1/2个卫生间—1245平方英尺，到单元A.2—2个卧室、2个卫生间—1680平方英尺，涵盖了从较小单元到较大单元、类型比较齐全、为入住者提供了多种选择机会的房型。

三、公寓选址

公寓住宅应当布置在哪里合理呢？一般地讲要考虑下列几方面的要求：

• 公寓应选在工作机会多的城镇和城市郊区附近较好。大多数的居民要求住地应便于上下班，最好能布置在距离工作地点半小时的车程以内(美国许多地方规定最高车速不大于57—60英里，1英里=1.609公里)，距离越近越方便，也越受求租者的欢迎。超过1小时的车程就太劳累了。美国人一般都驾车上下班，但是在某些大城市的低收入者不少人依靠地铁和公交车上下班，公寓离工作地点也是越近越好，否则就不受租房人的欢迎。

• 公寓应该选定在主要道路、高速公路的附近，以便公寓居民能尽快开上高速公路进行各种活动。

• 公寓应当邻近商场、购物中心、医院、保健中心、各类学校(托儿所、幼儿园、初中、高级中学)，以便居民得到各种满意的现代化城市服务的方便。

• 应当尽可能选在空气清新、环境优美的地方，以便居民能在无污染、无噪声干扰中生活。最好能选在草绿树青、能和大自然和谐相处的地方。如果能与河流、湖泊、森林、瀑布为邻那就更好了。美国建国只有两百多年，传统上的人文景观较少，但是，美国地大人少，经济发达，交通便利，所以有条件选址在有良好自然景观的地区。从实际资料看也是如此，大部分公寓的环境都比较好。从不少公寓的名字里就能看到这种影响，如有的公寓叫“鹿溪”、“森林池塘”、“晚霞峰顶”、“瀑布公园”、“瀑布绝顶”(图2-101、图2-102、图2-33～图2-38)，等等都以优美的自然景观来为各个公寓命名。

• 宜选在和高尚住宅区邻近的地方。

美国的住宅区俗称分为“好区”(即高尚区)和“差区”(经济、文教、治安、卫生等都是较差的地方)。美国住宅的“好区”一般居民的经济条件、文化素养都比较好，学校教育质量也好。如果公寓与“好区”为邻，易于接受良好文化的影响，对当代居民的宁静祥和的生活有利，也有利于提高下一代的优良素质和高尚情操，造成一个和睦、友好，互相关爱的好社区。所以人文环境的优劣，也是选择公寓的一个有吸引力的因素。

四、总平面设计

在进行总平面设计时应考虑下列几方面的问题：

● 公寓楼建筑

一般社会上的出租公寓，从房型上主要有两类。一类是单元式公寓——即由各种繁简不同的各个单元，根据当地需要组合成各种大小不同的单体建筑。另一类是跃层联排式的各种不同的单元，然后将它们组合成不同的楼房。再把不同类型，不同大小的各个单体建筑组合成各种组团、小区和公寓总平面。

● **服务管理中心**

这部分包括行政业务管理、俱乐部、健身中心、游泳池、桑拿浴、邮件收发、信息阅览亭、牌、垃圾收集运送、自行车、童车及大件杂品存放等等。通过这些设施直接为居民服务。

● **道路系统**

公寓总平面里应布置合理的人流、物流、消防、休闲散步道路系统。从实际考察看，这些一般布置得都比较合理实用，除道路外，公寓总平面设计必须安排合理又方便的停车场(图1—22，图1—27、图1—28、图1—29)。有人说美国是个车轮子上的国家，所以，人们大都驾车上下班，停车场对于公寓来说就显得更为重要了。两排公寓建筑之间，常常布满了大小车辆。处在郊区的公寓，由于用地较松、面积大，可以自由放车；地段相对狭窄的地方则画出停车车位，并注上出租单元的编号，以便各户对号停车，保证每户随时都有存放车的地方。

各地都用法律保证残疾人的停车权力。采用专门的标志，普通人的汽车不得占用残疾人的车位，否则就是违法。我们参观各地公寓时，最好地段的停车位往往空闲着，因为那里画有残疾人专用停车标志(图1—34)。

各条道路的交叉口道牙子的标高逐渐从常规状态转变到零高度，以便残疾人无障碍通行。人行道和车行道之间常常设置一条绿带，这样更有利于保证行人的安全。

● **绿化美化设施**

公寓的管理中心和俱乐部、游泳池往往布置在接近中心的地带。常常在那里栽种较多的花卉、树木、草坪，形成一个共享花园(图2—1)，它也是公寓最醒目，最漂亮的绿化美化中心。其他公寓建筑之间，建筑出入口地带也常常种植较多的花草树木。此外道路两侧和空闲地带多铺满草坪，栽种花木以美化全部庭院，提高环境质量。这些工作都由专门的物业管理人员负责办理，公寓居民不需要自己动手。

● **散步小路(Trial)**

除了位于市区用地紧张的公寓外，有些郊区公寓和自然条件较好的公寓都乐于提供一条散步小路。这些既有利于增进居民健康，又有利于提高公寓的品牌，迎来更多的入住者，这对入住的居民和公寓的经营都是很有意义的。

散步小路有的很长，可能延续一英里以上。有的甚至更长、内容更多，也有的和邻近的公寓小区共同连成一条内容丰富、风光十色的健身休闲好去处。散步小路除供居民散步外，还供孩子们骑车、游戏玩耍；供成年人健身、跑步；供人们散心、聊天、野餐、休闲。小路旁常常栽种较多的花果树木，春来繁花似锦，夏季绿意葱葱，秋来野果挂满枝头，冬季仍然有长青植物和银色风光供人们欣赏，一年四季往往都有景色好观赏。有的散步小路还和池塘、小溪相邻，又可供人们划船、垂钓。有的散步小路旁还有野生动物悠闲欢跃活动(松鼠、野兔、大雁、野鸭，甚至有天鹅、梅花鹿来访)，更增加了不少人与大自然和谐共处的美妙情景。在这里还经常可以看到青年人相协相伴；成年人锻炼身体；也可以看到银发老人携带孙儿嬉戏同乐。有时也能看见老师们带着幼儿在这里指指点点，教孩子们认识大自然。散步在这种小路上真是让人心旷神怡、乐在其中。

● **游戏场地**(图1—22、图2—15)

不少公寓都有自己的运动设施，如网球场、篮球场、秋千、沙坑、滑梯等。有的地处郊区，离市镇公共运动场不远，又可以借用这些设施，增大了居民的活动空间。有的公寓旁就有市镇属下的各种公园、图书馆、文化馆等设施，这样更加有利于扩大居民的活动范围和更多的兴趣选择。

● **建筑小品**

这方面最引人注目的要算是入口标志了。很多入口标牌结合公寓的命名，设计建造成一个个有特色的建筑小品(图2—32、图1—35)。有些小品建筑个性鲜明生动，能给求租者一个良好的第一视觉印象。这种花钱不多又能反映公寓特点的例子，到处可见。此外有的公寓还会在适当的地方布置一些雕塑，用以美化环境。

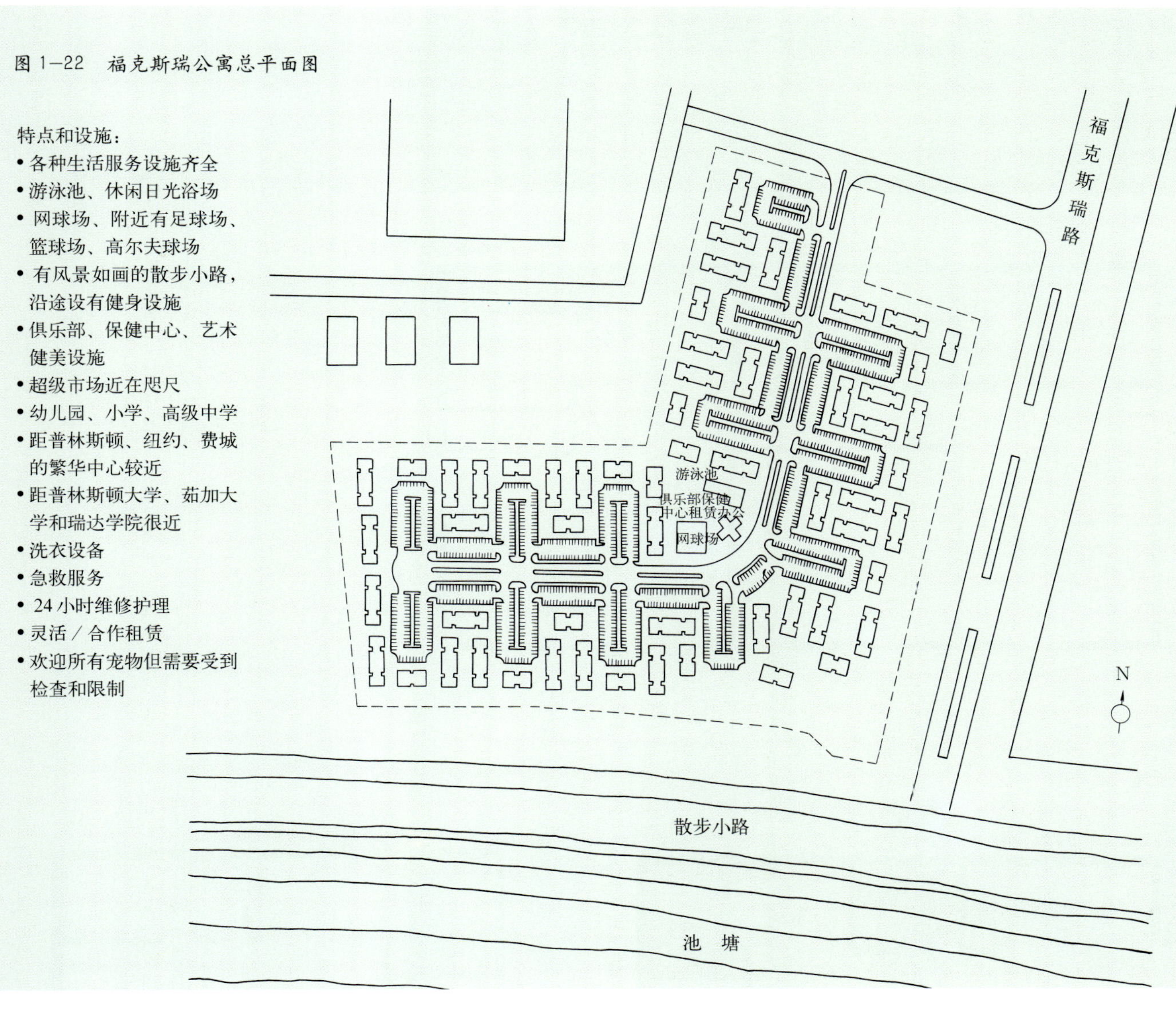

图 1—22　福克斯瑞公寓总平面图

特点和设施：

- 各种生活服务设施齐全
- 游泳池、休闲日光浴场
- 网球场、附近有足球场、篮球场、高尔夫球场
- 有风景如画的散步小路，沿途设有健身设施
- 俱乐部、保健中心、艺术健美设施
- 超级市场近在咫尺
- 幼儿园、小学、高级中学
- 距普林斯顿、纽约、费城的繁华中心较近
- 距普林斯顿大学、茹加大学和瑞达学院很近
- 洗衣设备
- 急救服务
- 24 小时维修护理
- 灵活／合作租赁
- 欢迎所有宠物但需要受到检查和限制

图 1—23　福克斯瑞公寓外部透视

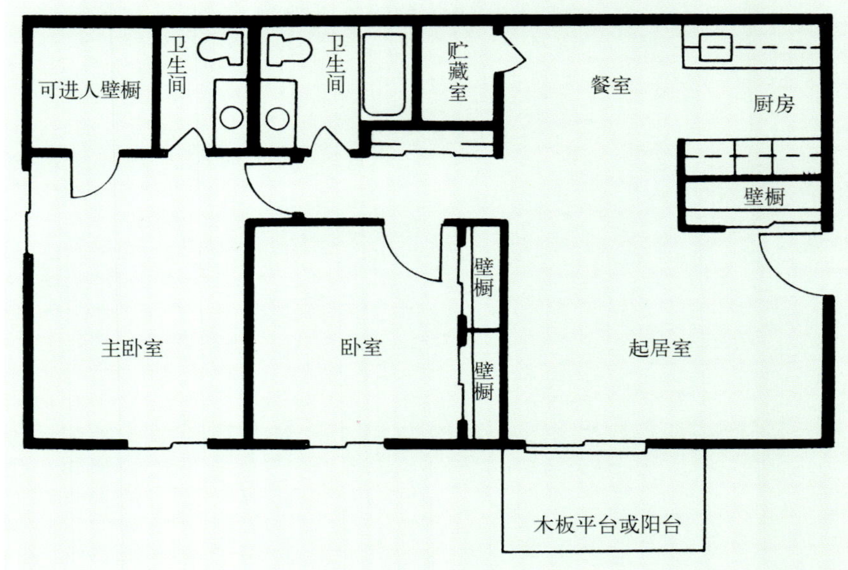

图 1—24　福克斯瑞单元平面一

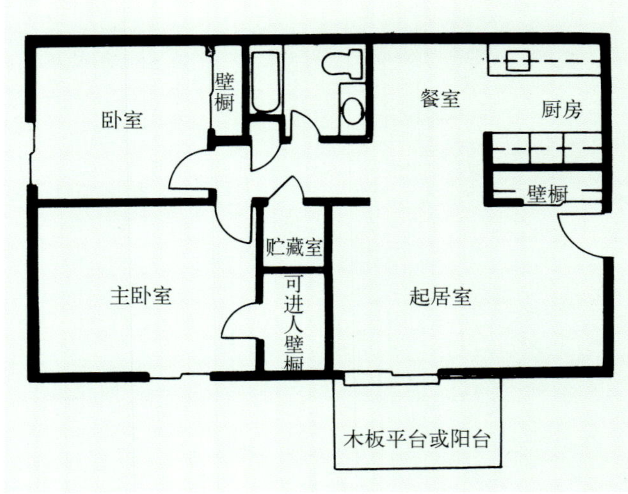

图 1—25　福克斯瑞公寓单元平面二

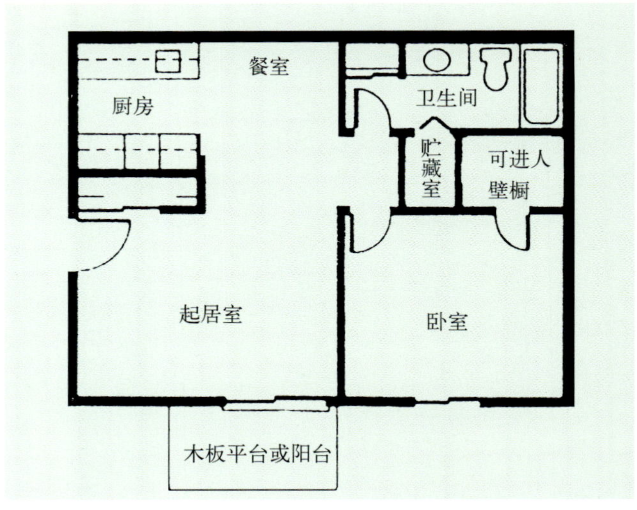

图 1—26　福克斯瑞公寓单元平面三

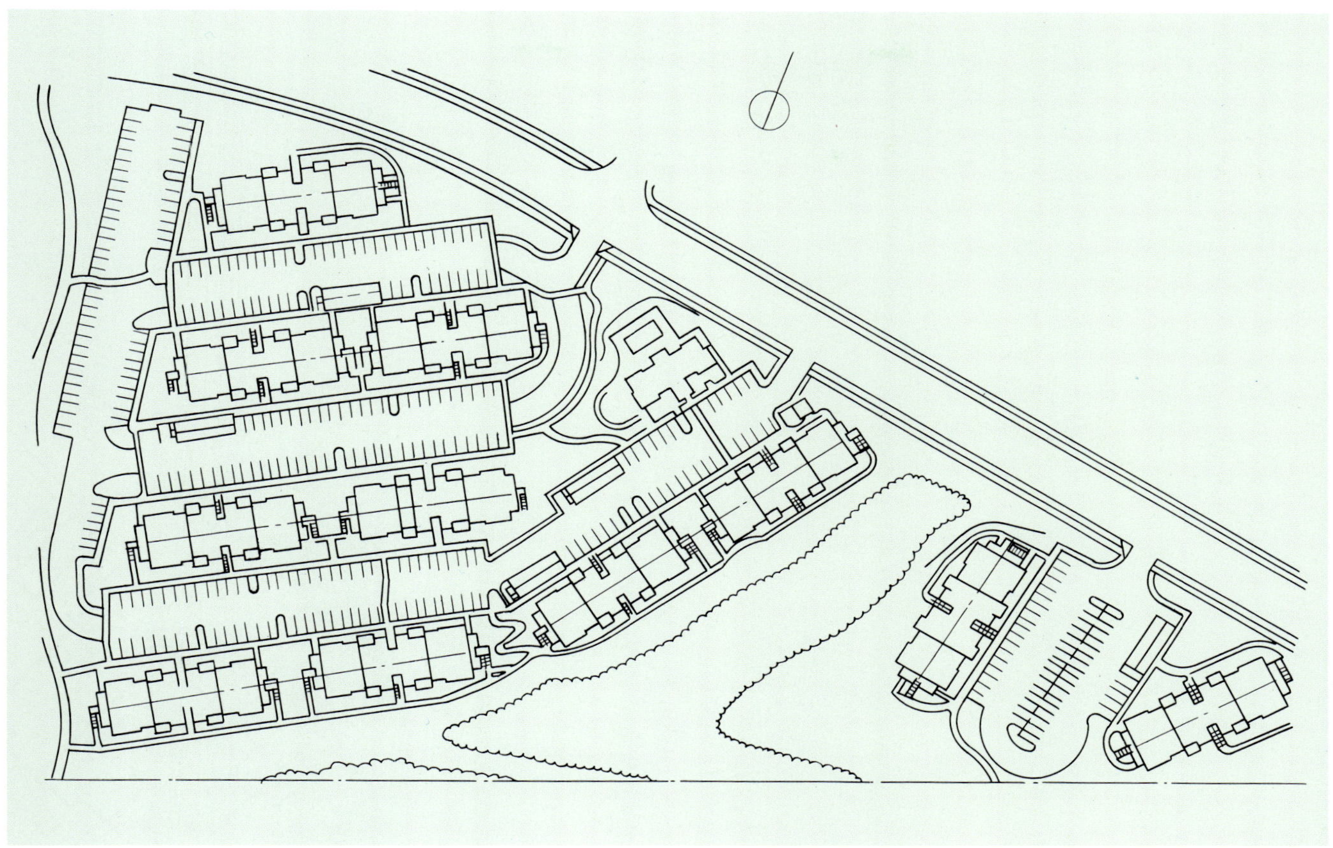

图 1—27　白瑟尼草原公寓总平面图

租房者年收入限制　　表 1- 1

人数	最大年收入
1	$23,460
2	$26,820
3	$30,180
4	$33,540
5	$36,240

租房者年收入限制　　表 1- 2

单元大小	最大月租
1 个卧室	$580
2 个卧室	$695

注：表 1—1、表 1—2 为 2001 年 7 月资料

说明：

- 白瑟尼草原公寓属廉租公寓性质，入住条件请参见表 1—1、表 1—2
- 地处某市郊区，环境良好，公寓旁有高速公路和城市道路，交通方便，便于上下班
- 不远处有新建的综合服务中心和各种商业、餐饮、娱乐设施
- 不远处有幼儿园、小学、中学
- 离海洋不远可供节假日旅游
- 公寓新建不久，各种生活设施完善。大路的另一边正在扩建新的公寓楼群，其建成后将构成廉租公寓的样板之一
- 周围有原始森林，森林旁有沟河和优美的散步小路

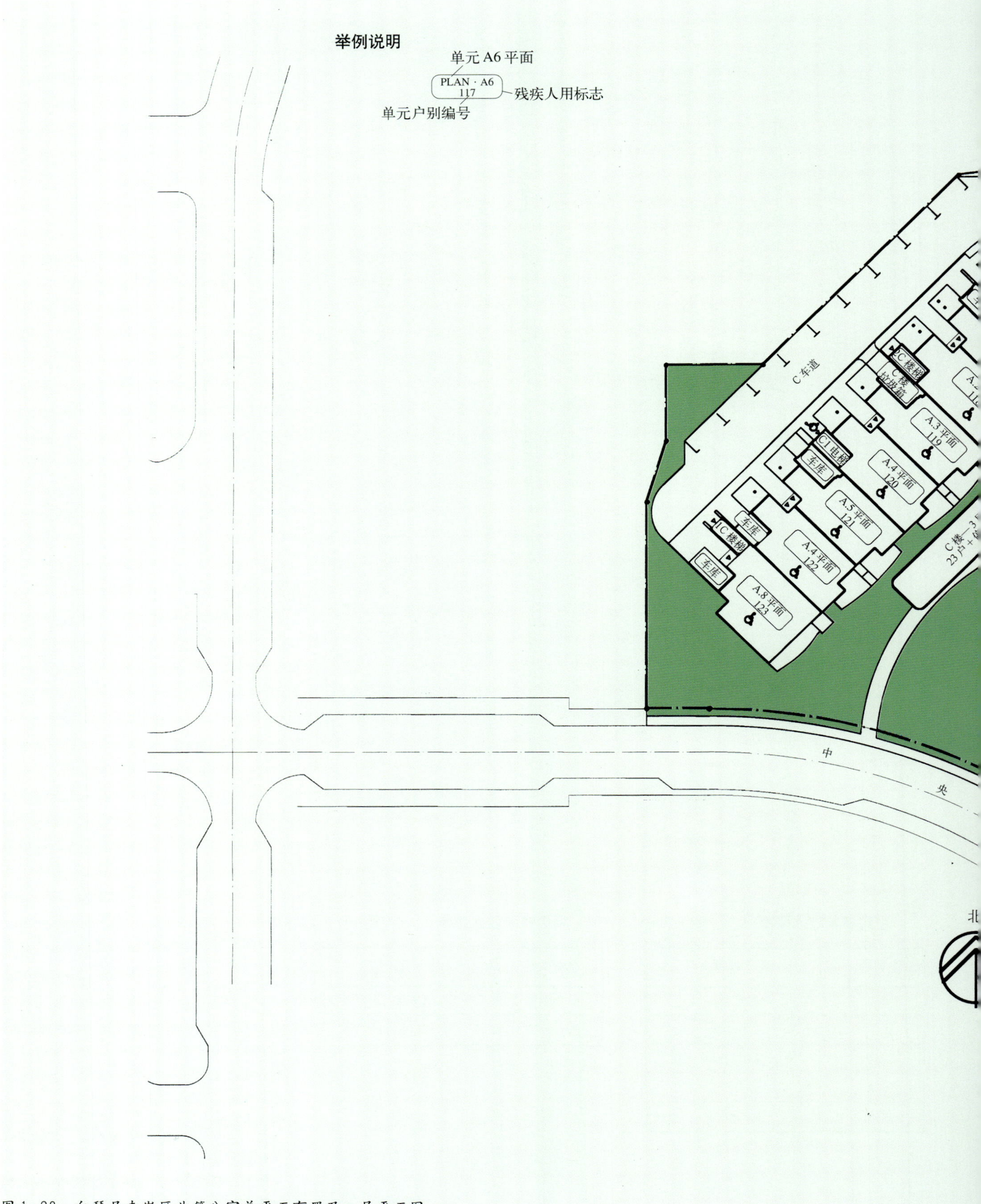

图 1–28　白瑟尼南岗区共管公寓总平面布置及一层平面图

花　园　路
泰　米　达　路
西　北　甘　乃　锑　路
A 楼车库
A 车道
A 楼—4 层
44 户 + 车库
中心绿地
B 楼—4 层
35 户 + 车库
B 车道
B 楼车库
车库
入口
A.6 平面 108
A.2 平面 107
A.3 平面 106
A.4 平面 105
A.5 平面 104
A.4 平面 103
A.2 平面 102
A.1 平面 101
A.1 平面 109
A.2 平面 110
A.3 平面 111
A.4 平面 112
A.5 平面 113
A.4 平面 114
A.2 平面 115
A.7 平面 116
A1 电梯
B1 电梯
A 楼垃圾箱
B 楼垃圾箱
车库
道

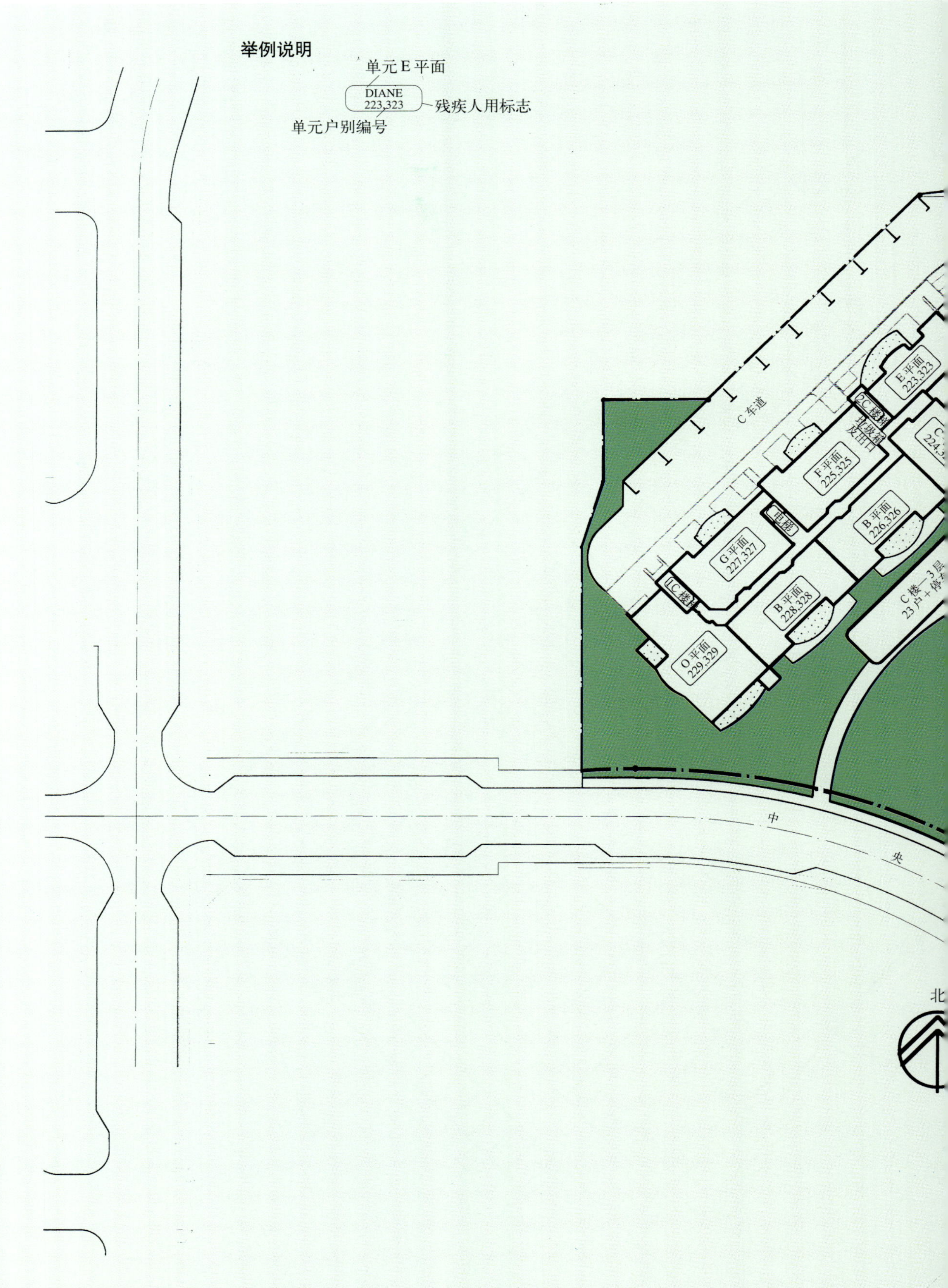

图1—29　白瑟尼南岗区共管公寓总平面布置及2—4层平面图

花园路
车库入口
A车道
B车道
A楼—4层
44户+停车库
B楼—4层
35户+停车库
中心绿地
D平面 212,312,412
E平面 211,311,411
C平面 210,310,410
J平面 209,309,409
I平面 208,308,408
B平面 207,307,407
L平面 206,306,406
K平面 205,305,405
B平面 204,304,404
E平面 202,302,402
C平面 203,303,403
D平面 201,301,401
D平面 213,313,413
C平面 215,315,415
E平面 214,314,414
B平面 217,317,417
F平面 216,316,416
B平面 219,319,419
G平面 218,318,418
M平面 221,321,421
N平面 220,320,420
电梯

图 1—30　白瑟尼草原公寓散步小路的一段，旁边有原始森林

图 1—31　白瑟尼草原公寓的公寓楼群，前部为新建的游泳池

图 1—32　白瑟尼草原公寓的旋转喷射温泉浴池

图 1—33　公寓群的一角——公寓建筑依坡而建，高低错落

图 1—34　白瑟尼草原公寓楼前的残疾人停车位，内画有残疾人专用标记

图 1-35　白瑟尼草原公寓正门入口和石制标志

图 1-36　白瑟尼草原坡地上的公寓楼

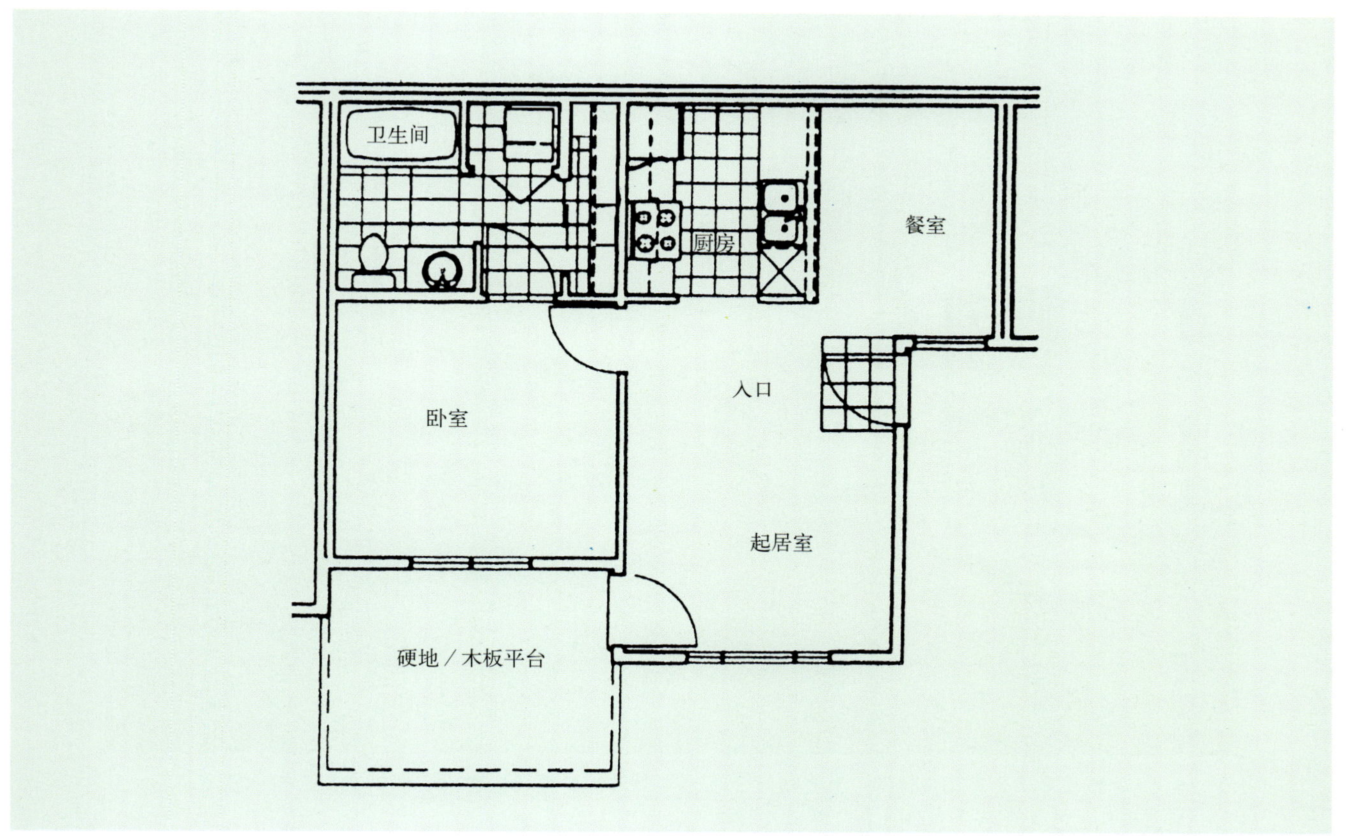

图 1—37 白瑟尼公寓单元平面图之一

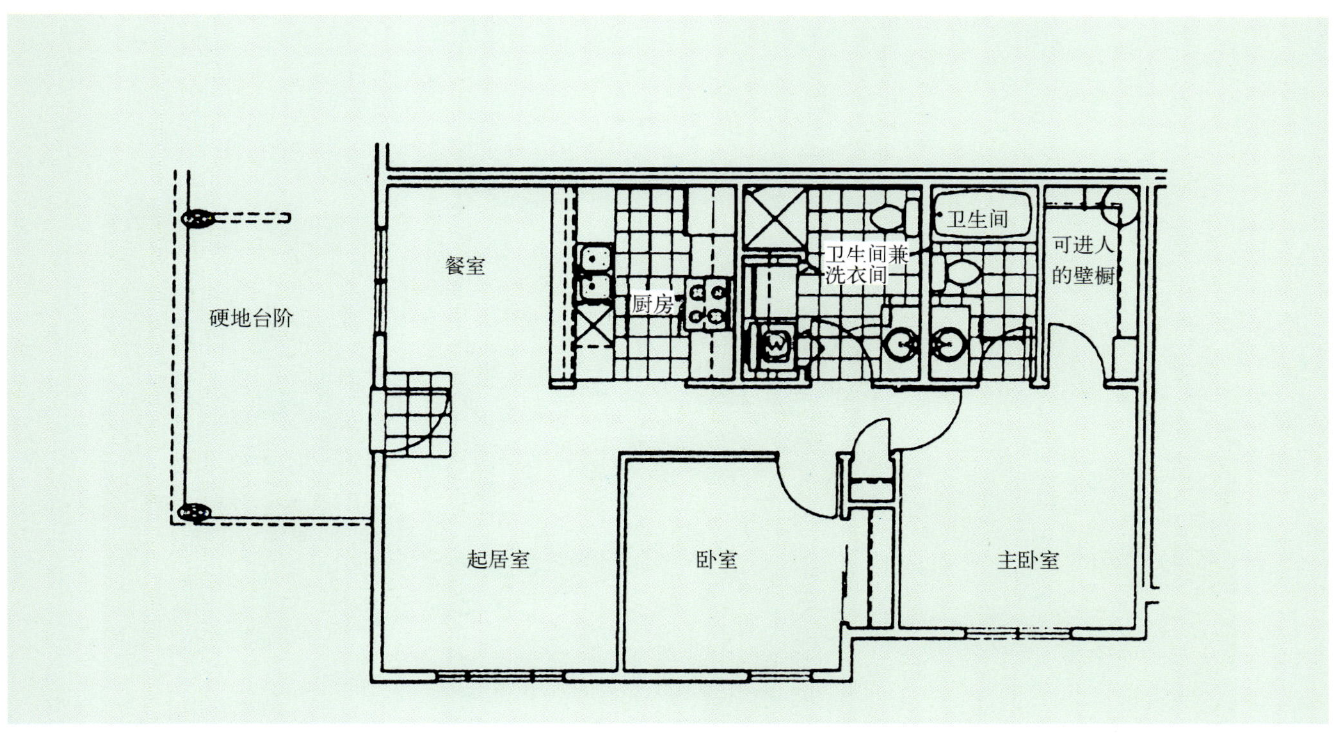

图 1—38 白瑟尼公寓单元平面图之二

图 1—39　白瑟尼草原公寓楼前道路，红色道牙子表示专供消防车停放，其他车辆不准在此处停留。右边的白色小屋供居民储存大件物品和停放自行车以及垃圾存放间等杂务使用

图 1—40　右侧是公寓楼，左侧小房也是供杂务使用。红色道牙子线段内任何车辆不准停留，专供消防车停用

五、公寓单元平面的一般组成

公寓单元设计千变万化，但是都应当能满足入住者的基本生活要求。人们在家里要会见亲友，家人互相交换信息和商量家务，要有安静休息和过私密生活的地方，要有若干如储藏、洗衣等功能空间，要有可能观赏室外景色以便于亲近自然、享受大自然的风光，因此单元设计应该尽可能地满足这些礼仪、交往和私密功能各方面的需求，以及提供室内外交流的可能。为了满足上述生活上各方面的要求，就必须提供各种必要的功能空间，主要有：

● **单元式公寓(unit apartment)**(图1－23～图1－26)

• 入口

• 起居室

• 餐室——为了较好地组织利用空间，有时将餐室和起居室组合成一个大空间(great room)。

• 厨房

• 卧室——有的设单独的卧室，有的将卧室和一个卫生间组合成一个更便于使用的统一单元，这种专供男女主人使用的统一单元称之为主卧室(master bed room)，而供家人使用的卧室(不含内部卫生间)称之为次要卧室。

• 卫生间(bath room)——通常设有洗手盆、恭桶、浴缸三大件的称之为1个卫生间；仅有恭桶、洗手盆的称之为半个卫生间(常常设有淋浴设施)。

• 洗衣间(laundry)——可以单独设立，也可以附设在厨房的一角等地方。

• 壁橱(closet)——每个卧室必须有壁橱。有的壁橱面积大，可以进人，称之为可进人的壁橱(walk in closet)。

• 储藏室(storage)

• 小室(den)——可作卧室、客房或书房等用。

• 阳台／硬地(deck／patio)

• 停车场地／专用车位

● **跃层联排式公寓(town house)——以3层的为例**

• 一层——入口、车库、卧室(或其他房间)、储藏室、楼梯间、硬地、小片花园、停车车位。

• 二层——起居室、餐室、厨房、阳台、楼梯间、储藏室。

• 三层——主卧室(带壁橱)、主卧室卫生间、次要卧室(带壁橱)、第二个卫生间、次要卧室(带壁橱)、储藏室、阳台。

和独立式住宅相比，一般没有家庭室、妇女卫生间、书房／工作室，花园绿化面积小得多。

六、公寓单元平面类型

● **单元式公寓(unit)——由于不同的求租者有不同的需要，因此产生了不同的房型。**

• 1个居室的公寓单元(studio)——有时也称之为工作室，或简易公寓(图1－39)这种单元只有一个居住空间，也带有简单的厨房、卫生间。这种简易公寓将起居室、卧室、餐室融合成一个实用空间，主要是供那些需要单独工作、学习、生活，而又收入低廉的人们。这种类型的公寓单元虽然空间组成简单，但是，也能满足相应人群的工作、生活的基本要求。最主要的特点就是租金低廉。这种居住形式由于处在公寓小区的大环境里，所以它的环境质量，和其他公寓所享有的条件基本相同。

• 1个卧室、1个卫生间(图1－42、图1－43)

这种类型的公寓，包括1个卧室、1个完整的卫生间，一般还设有独立的餐室(或餐饮角)、厨房、阳台／硬地、洗衣干燥间等合乎生活需要的基本配套房间，足可以满足一个单身家庭、无子女或少子女的青年家庭、空巢家庭(子女已长大外出离开父母，仅有老夫妻的家庭)，无巢家庭(仅有老夫妻、没有子女的家庭)和收入较低的人群。

• 2个卧室、1个卫生间(图1－44、图1－45)

这种房型有2个卧室、1个卫生间可以解决夫妻和子女的分居问题，或一个作为卧室另一个卧室可以做工作室、书房、计算机室或主人双方的父母，或其他亲友(多为临时居住)。它一般有独立的餐室和洗衣角，空间比1个卧室1个卫生间的房型要宽松一些，使用上也灵活一些，当然租金也高一些。美国人的习惯是孩子稍大一些，往往孩子就单独住在一个居室，两个卧室房型的公寓单元也往往住着这种家庭。

• 2个卧室2个卫生间(图1－49)

由于多了一个卫生间，夫妻和子女就可以各自分开使用自己的卫生间，当然方便，遇有亲友来访时也更好用。经济条件较好的家庭，比较更青睐这种房型。这种房型的一个卧室(主卧室)常常和其中的一个卫生间组合成一组完整的使用单元(主卧室套)。第二个卫生间往往是单独设立，不属于另一个卧室可供给子女或亲友共同使用。

• 3个卧室、2个卫生间(图2－9、图2－10)

这种类型适用于子女较多的人租用，也可将其中一个卧室辟作工作室、书房或计算机房使用。美国人的习惯一般不和房主双方的双亲住在一起，但有时也到成年的子女家里看望儿孙，此时富裕出来的一个居室就可以作为临时客房了。

• 4个卧室2个卫生间(图2－56)

这种单元适合于子女较多的家庭使用。也可以供混合家庭使用(没有血缘关系和姻缘关系的两部分人共同合住的家庭)，和较长时间在外工作的法人团体、出差人员联合租用。

● **跃层联排式**(图1－59、图1－61)

这种公寓是介于单元式公寓和独立式住宅之间一种居住形式。美国人称之为town house，它比单元式公寓组合复杂，各种空间形式也多，也比单元式公寓舒适方便，但是各方面比起独立式住宅又不能同日而语，它也是住宅系统中的一个重要分支。

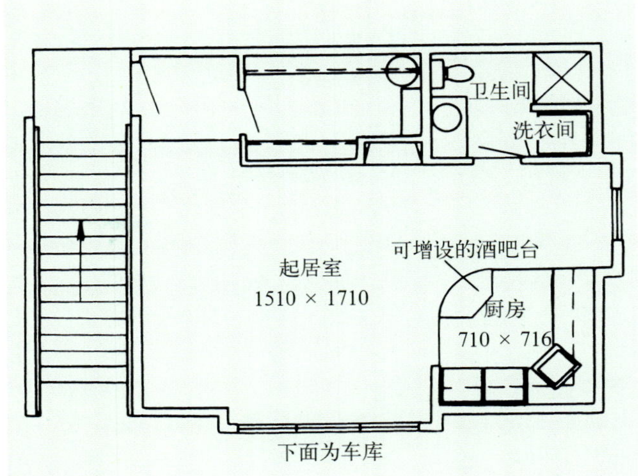

图1—41 1个居室(带有简单的厨房、卫生间的简易公寓)的单元平面图

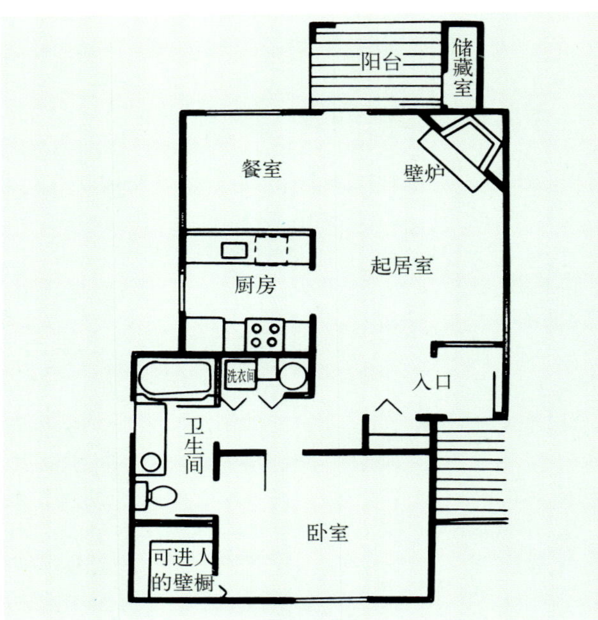

图 1—42 1个卧室、1个卫生间的单元平面图

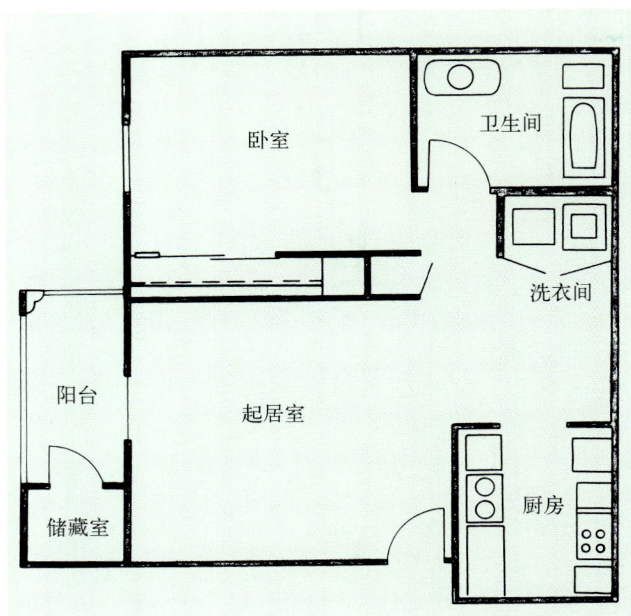

图 1—43 1个卧室、1个卫生间的单元平面图

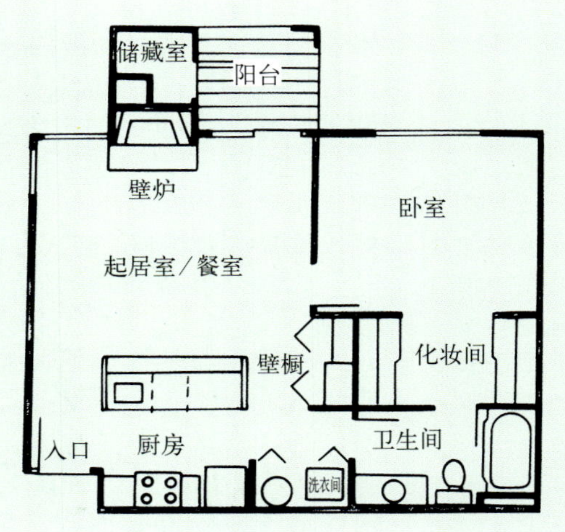

图 1—44 1个卧室、1个卫生间的单元平面图

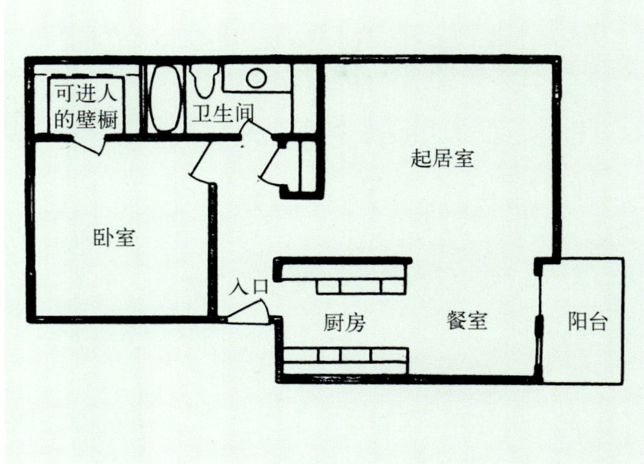

图 1—45 1个卧室、1个卫生间的单元平面图

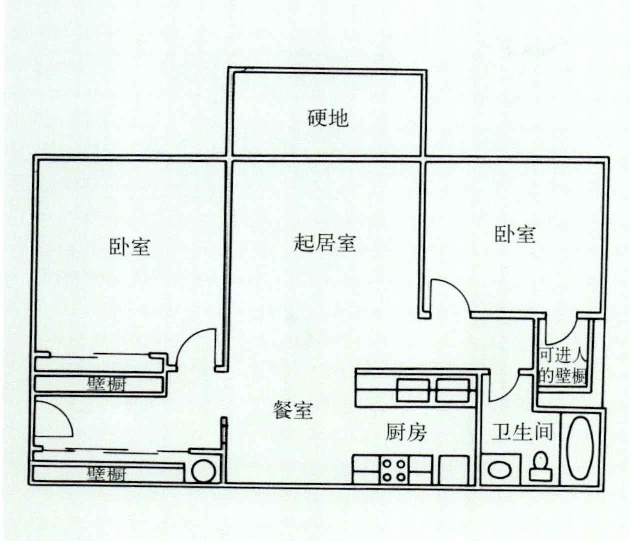

图 1—46 2个卧室、1个卫生间的单元平面图

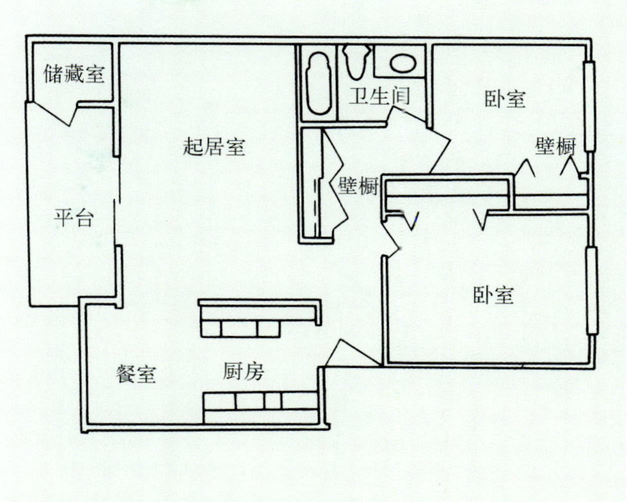

图 1—47 2个卧室、1个卫生间的单元平面图

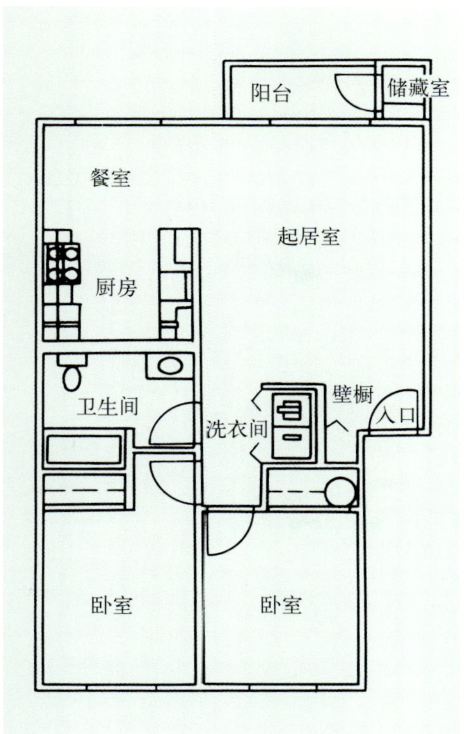

图 1—48 2个卧室、
1个卫生间的单元平面图

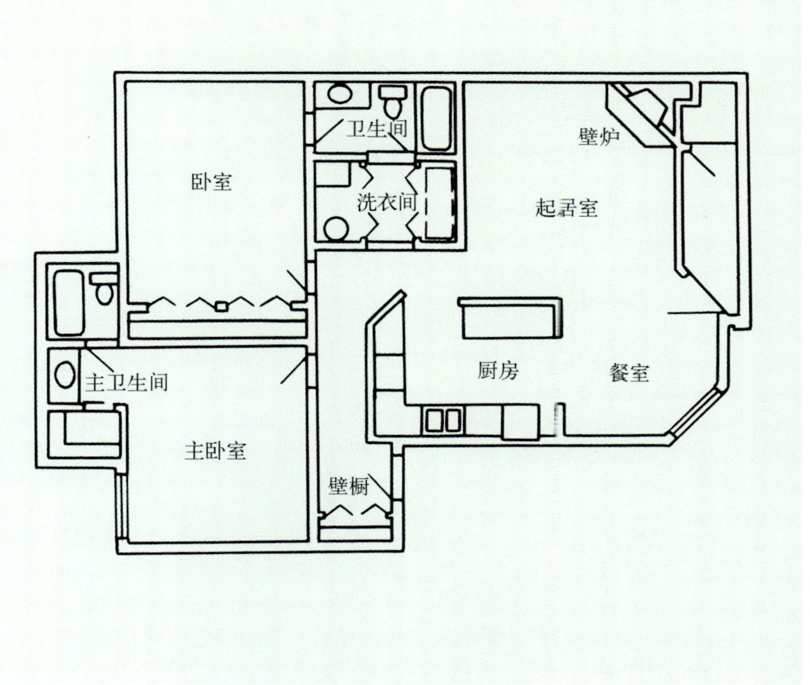

图 1—49 2个卧室(主卧室＋次要卧室)、
2个卫生间的单元平面图

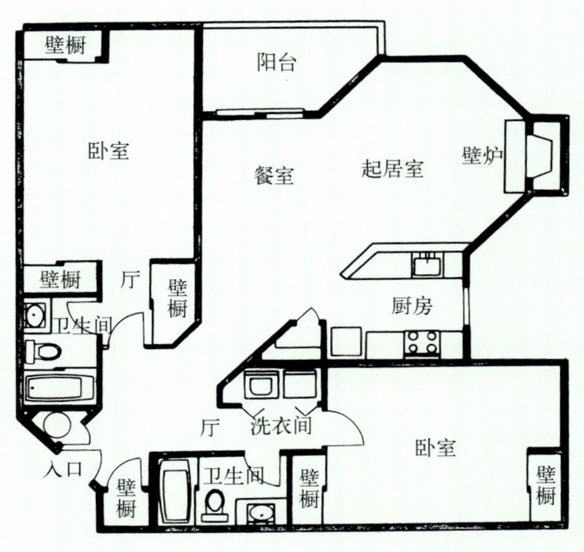

图 1—50　2个卧室(主卧室＋次要卧室)、
2个卫生间的单元平面图

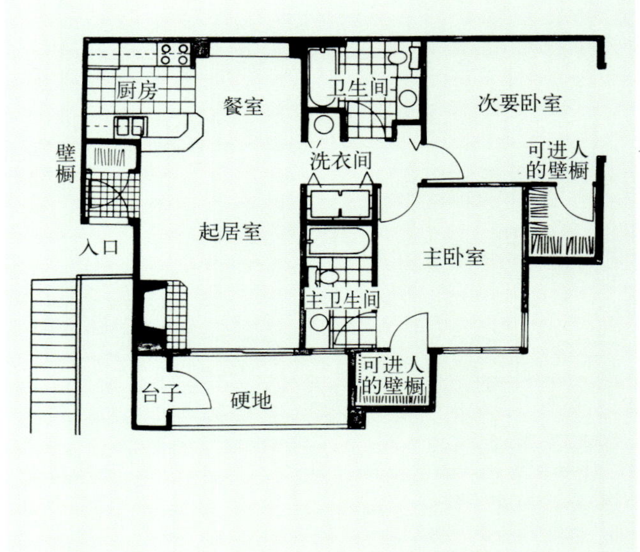

图 1—51　2个卧室(主卧室＋次要卧室)、
2个卫生间的单元平面图

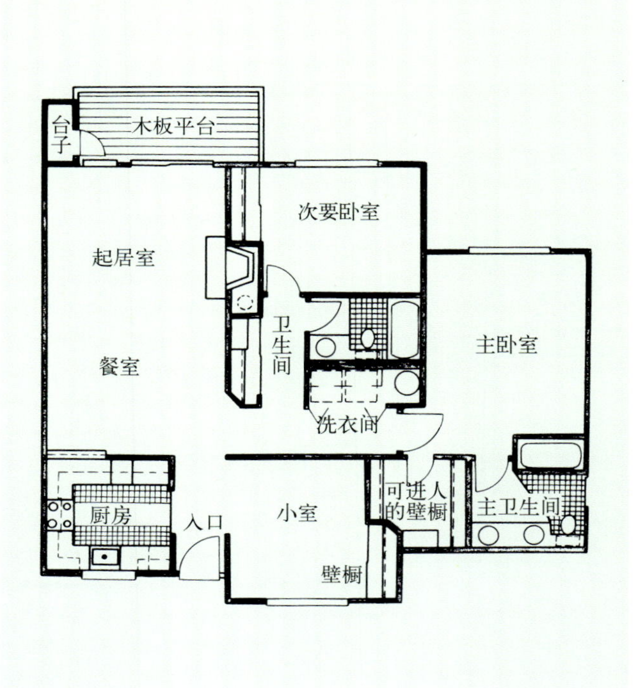

图 1—52　2个卧室(主卧室＋次要卧室)、
2个卫生间的单元平面图

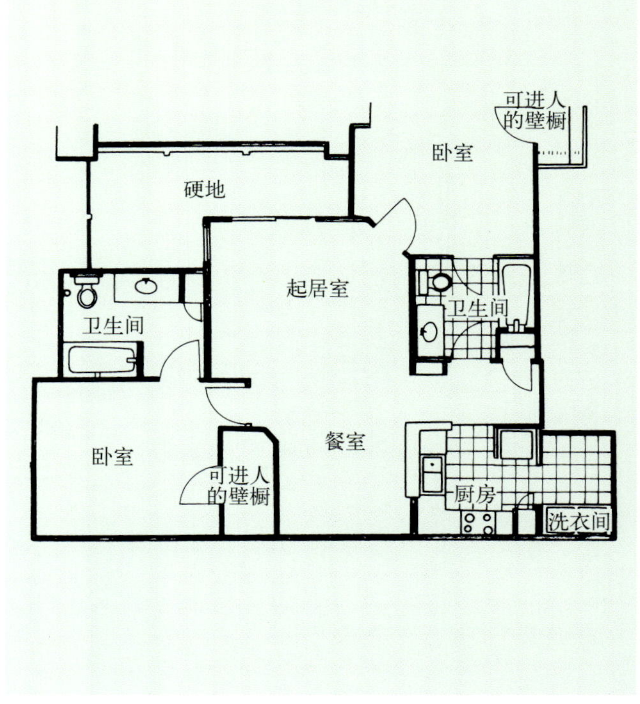

图 1—53　2个卧室(主卧室＋次要卧室)、
2个卫生间的单元平面图

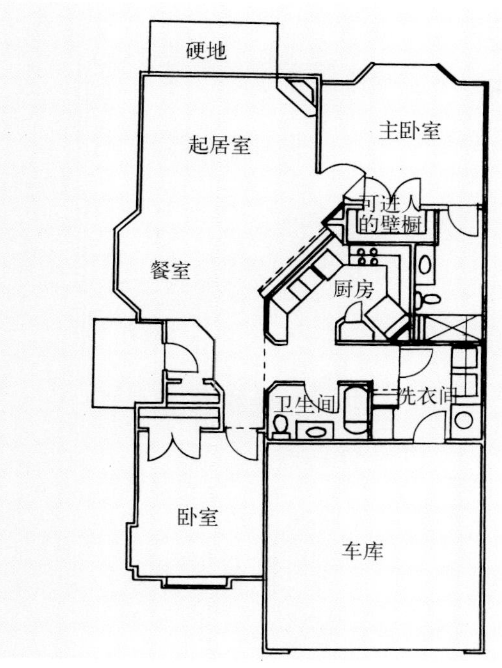

图 1—54　2 个卧室(主卧室＋次要卧室)、2 个卫生间的单元平面图

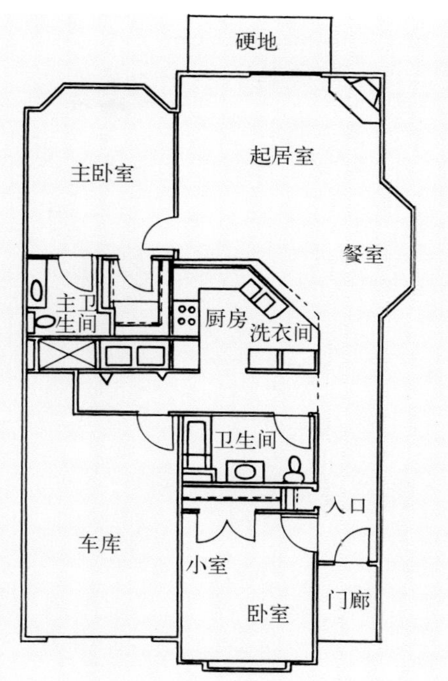

图 1—55　主卧室、小室、2 个卫生间的单元平面图

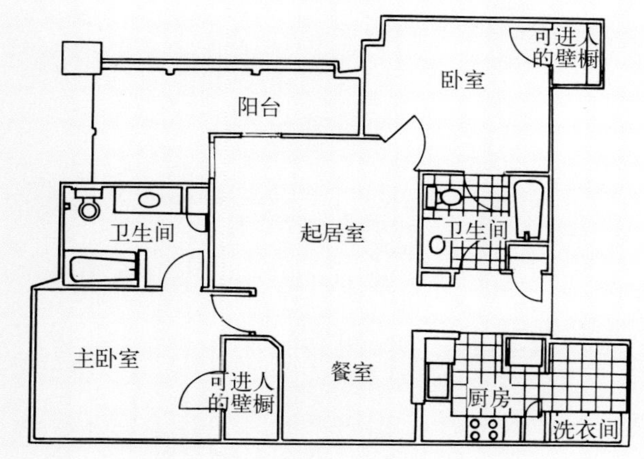

图 1—56　2 个卧室(主卧室＋次要卧室)、2 个卫生间的单元平面图

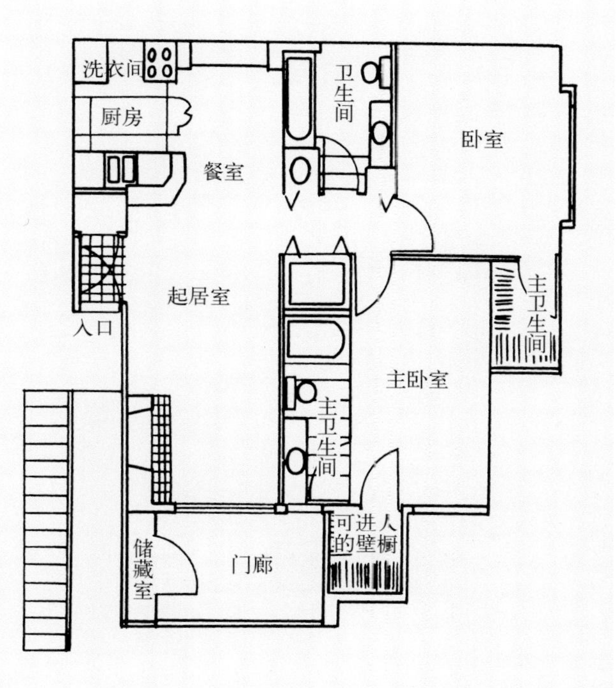

图 1—57　2 个卧室(主卧室＋次要卧室)、2 个卫生间的单元平面图

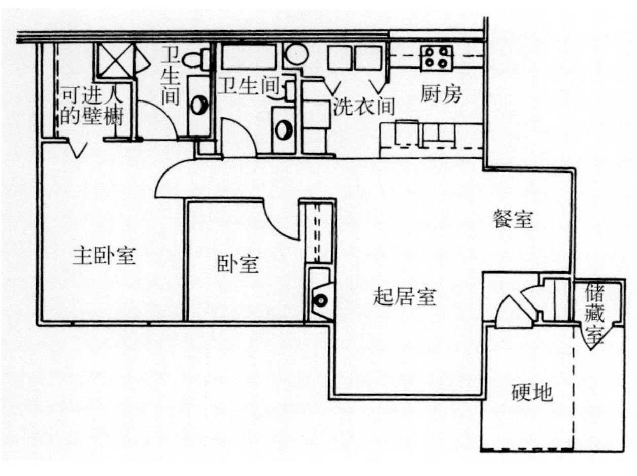

图 1—58　2 个卧室(主卧室＋次要卧室)的单元平面图

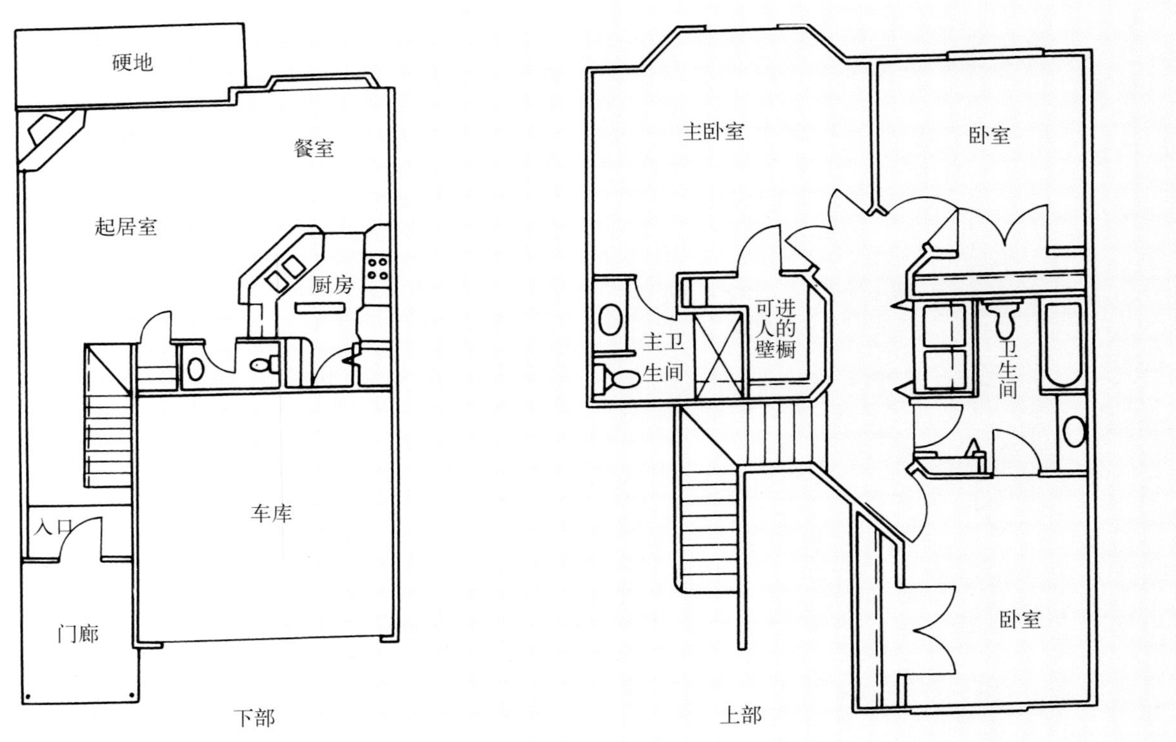

图 1—59　二层跃层联排式公寓(一)——3 个卧室、2 个卫生间的单元平面图

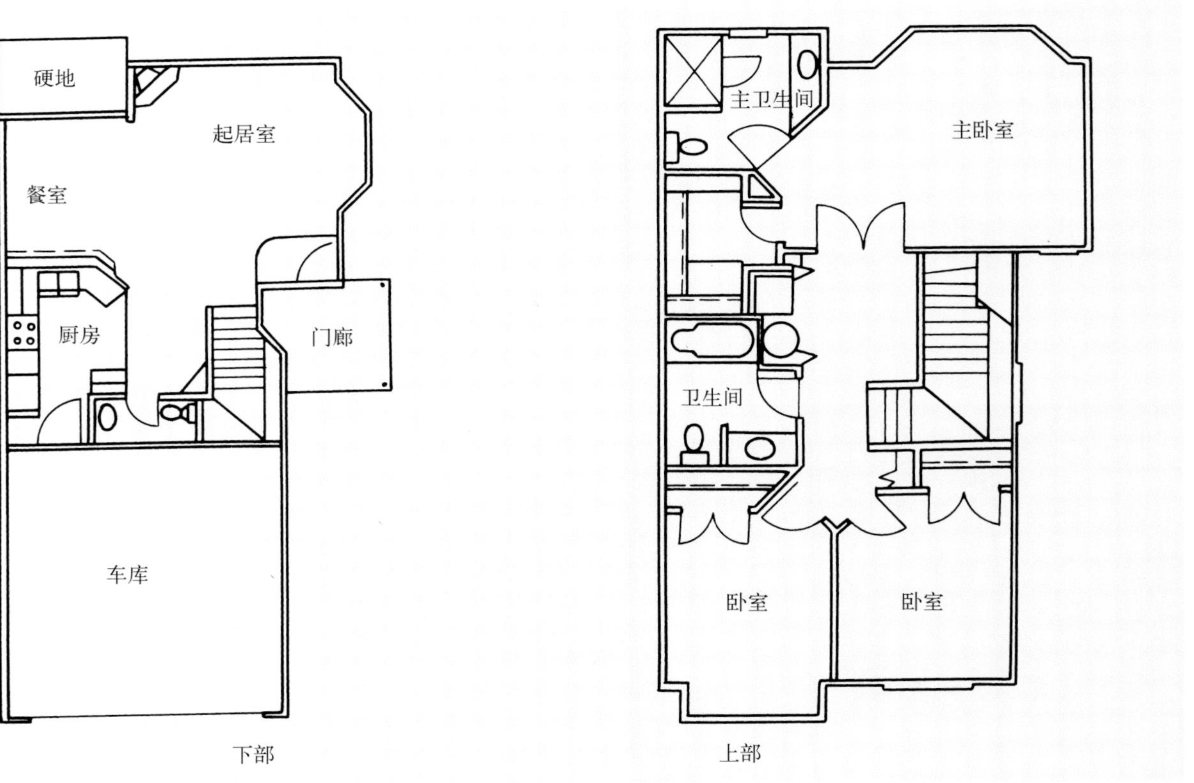

图 1—60　二层跃层联排式公寓(二)——3 个卧室、2 个卫生间的单元平面图

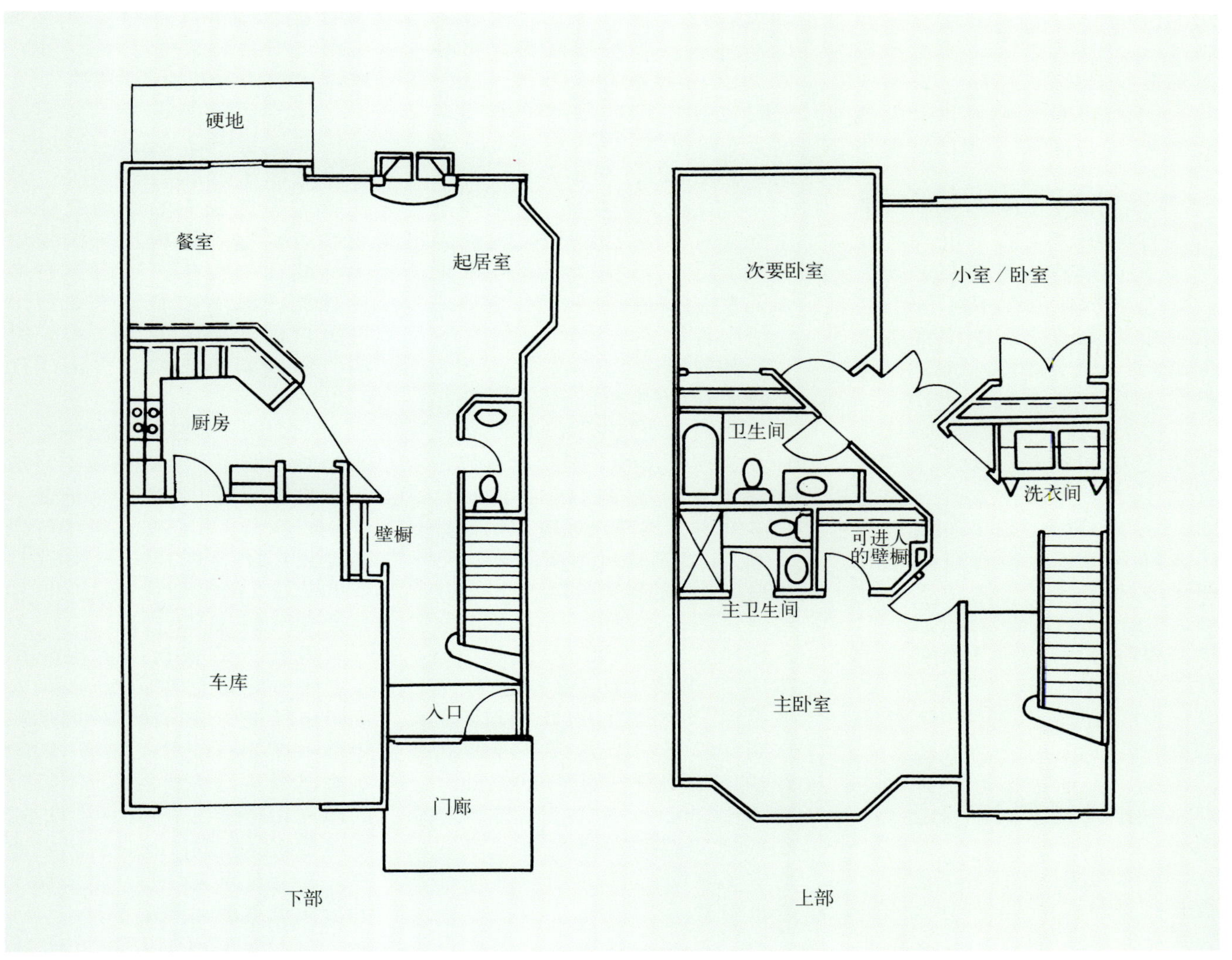

图 1-61 二层跃层联排式公寓(三)——2个卧室(主卧室＋次要卧室)、2个卫生间的单元平面图

七、公寓建筑设计上的一些问题

• 平面布置比较灵活，可以打破直角分隔方式划分各个功能空间。构造上往往采用木梁、木柱、木质轻墙和轻型优质保温隔热材料，房屋自重轻，有利于灵活布置各个功能空间。

• 有些功能空间常常合并成一个大空间，有利于灵活地使用(图1—52、图1—53)。

• 所有卧室均设壁橱，有的还设有面积较大的可进人的壁橱，卧室内部整洁美观(图1—55)。

• 起居室常常采用落地门窗，显得豁达宽畅，有利于观赏景色，亲近大自然和人与自然的情感交流(图1—51、图1—53)。

• 居民有入室脱鞋的习惯，各主要房间的地面均铺地毯，有利于消声和保持安静。卫生间、厨房、餐室、洗衣间铺设瓷砖或硬木地板，以保证清洁和便于清洗。

• 由于公寓多为低层建筑，加上房前房后有大面积的停车场和绿化空间，建筑容积率小，所以一般情况下自然通风和天然采光情况良好。

八、建筑材料和构造

美国的部分地区和其近邻加拿大都盛产木材。木材作为当地的建筑材料既质优价廉，又便于加工运输，因此木材成为美国大部住宅建筑最常采用的建筑材料，木结构也是最常采用的方法——木梁、木柱、木墙板、木屋顶应用广泛。近年来由于科技进步、新建筑材料不断出现，也有采用定型塑料墙板和其他新材料的。有的地区木材丰富还采用木瓦屋顶、木瓦墙面(图2—54)，这种屋面、墙面具有良好的保温隔热效果，另外还表现出浓厚的乡土气息，给当地的公寓住宅增加了一种特别的乡土建筑景观。

美国的西南部气候干热少雨木材较少，当地的居民采用砖石结构建造住宅的也不少。

九、关于建筑风格

美国是一个由移民组成的国家，几乎世界各主要民族的后裔都有。这些移民不仅把他们的文化传统带到这个国家，同时也带来了各式各样的建筑风格，其中尤其以英国、法国、德国、西班牙以及美国各地区原来的传统文化的影响较大。多年来这些建筑风格互相影响、互相融合，并且随着经济实力的不断增强，适应各种新功能的住宅形式纷纷出现。

相对地讲，公寓居民大部分是收入较低的群体，建房时花在建筑样式和建筑装饰上的经费比独立式住宅要少，因此建筑体形和建筑立面处理也相对地简单。很多地方采用现代建筑风格设计公寓，主要是重视适用、采光、通风良好，保证合理的温湿度等住宅建筑的基本功能，和良好的居住环境等方面的要求。但是在建筑造型、装饰手法、色彩设计、环境设计、绿化美化设计和需要重点装饰的地方，还是要努力做得好些，其中也吸收了不少各自当地的传统做法，和各种建筑风格的影响，这样既有利于提高居民的审美意识，也有利于吸引更多的求租者。

十、公寓设计中的一些新思路

随着时代的变迁和生活方式的演化，公寓设计上也出现了一些与传统思维不一样的看法和尝试。这是一些可以探讨的领域，兹介绍如下，供有关人员思考：

• 由于受到造价和土地容积率的影响，公寓楼进深方向有时拉得较大，这样公寓平面中部往往天然采光不足，在使用上会造成一些不便。改变的办法是可以在这些地方的墙面上布置一些彩色的图画，或其他艺术品，这样可以让狭长、光线不足的走廊有一种新的个性化处理办法，改善了这部分室内空间的利用效果。

• 利用活动隔断，可以将大空间分隔成若干较小空间，可以作为书房、临时工作室、餐室等房间，用完后又可以移走隔断，或者重新隔成其他使用空间。

• 公寓里的起居室常常可以包括许多起居以外的其他功能，可以是客厅、工作室、花房、储藏室等等。我们的生活已经改变多了，室内设施也应该随着生活变化而变化，可以具有多种功能，然而起居室也要留出可以自由活动的地方，布置简洁，室内就会有较多自由活动的地方。

• 餐室——餐室也比传统上的功能改变了。餐室已经不只是一个吃饭的地方，更经常地是一个生活舞台。人们在这里招待亲友，也上演家庭的戏——如过重要的节日，给家庭成员过生日和聚会宴请朋友(Party)。

现代人的餐饮习惯也变化了。快节奏的生活节拍，不少人平时已经很少按长幼顺序循规蹈矩地入席的传统方式就餐。有的家庭已经实行“放牧式”(不受时间地点和传统礼节的约束随机随地进餐)进餐。餐饮既没有固定地点，也没有固定时间，原来餐厅的含义也不那么确定了。

• 厨房的变化和餐厅的变化相似。原来的厨房主要是家庭主妇在封闭的空间里进行烹饪。现在的情况不一样了，女主人的好友常常不喜欢在客厅里静坐等待，更喜欢和女主人边谈边做，这样显得更亲密，更和谐。平时一家人在餐厅厨房里也可以一齐做饭菜、聊天，交流新鲜信息，或者议论家庭里共同关心的事情。这样厨房和餐厅都成为家人和亲友的议事交流中心了。人们在这里无拘无束地边做、边吃、边读，气氛温馨随便，乐在其中。厨房还是一个展示和锻炼烹饪技艺的地方。人们在那里可以品尝、试做糕点和通心粉的乐趣，厨房也是一种休闲、分享和培养情趣的地方。

• 卧室——传统上是个休息睡觉的地方，是个可从繁杂的事情中解脱出来的地方，是个过私密生活的地方，总之它是个和外界隔离的私密地方。现在公寓里的卧室，不论是大是小，由于种种原因已经成为起居室的一种代替物了。现在的卧室经常是灯在亮着，房门在开着，原来对卧室的那种私密看法，已经改变了。多用途的沙发放开后可以当床，普通桌子可以作梳妆台，可以将珠宝挂在室内当装饰品，衣服也可以挂在墙上，卧室可以成为"盛开花卉的花园"——艺术陈列室，床可以做成各种样子能够充分反映房主的个性，卧室已经不永远是卧室，它们可以是办公室、餐室或作其他任何用途。但是，卧室还是个可以放松自己的地方，甚至于在你清醒的时候，你还可以运用你的想像力，在卧室里做个美梦。

• 卫生间——它是公寓里最具有私密性的公共空间。它不应该只是个"工程壁橱"，也不仅仅是个解决方便的地方。卫生间应该做的应当是比简单地提供冷热水更多的事情，应当是个清洁、方便、舒适的地方。

• 生活在一个居室里

生活在一个居室里通常是学生时代的生活。这是由于他们负担不起更高的房租。当今有一些人喜欢住在只有一个空间的居室里。当他们搬进一个通常是二居室或三居面积不大的公寓时，喜欢拆掉部分隔断，把它变成一个空间的大居室。变成一个居室后，办什么事都好像功效更好。这时你的起居室也是卧室，也是餐室，也是客房和工作室。和其他类型的公寓不同，你可在一个大空间里做你想要做的任何事情。这时一居室的空间已经从过去静态、呆板的方式里解放出来。这种可变的多功能空间可以导致一种全新的、灵活的、使用方式——一个空间变成具有多功能的空间，因此空间也成为流动可变的了。你可以临时采用灵活隔断把需要暂时分开的地方分割开来。这种需要一过，又可以恢复成一个灵活可变的空间，从而充分地实践你的个性化生活方式。

一个大空间居室里的家具设备，至少可以起到两种作用，沙发和床可以根据需要互相改变，折叠床、罩上幕罩后可以放到壁橱里隐藏起来。一张桌子也可以是一把椅子。一端靠墙的桌子把另一端的活动支架放下来后，就是一张餐桌。一个酒吧柜台也是一个厨房台柜。能折叠的椅子可以迅速地安放或取去，或储存在合适的地方。总之，很多家具都可以灵活使用。目前市场上正在努力提供这一类产品，使之成为现实。最重要的是你可以根据自己的爱好创造出一个独特的地方，在那里你可以吃、住、睡、工作、休息、娱乐，让一个居室的公寓创造出一个独特的，符合个性化要求的生活安乐窝。

‖ • 下篇 • 美国公寓设计实例 ‖

美国的各种公寓虽然存在着千差万别，但是都有一个共同的目的——为相对收入较低，而又情况不同的某些人群提供若干适用、方便，而又付得起房租的住宅。这些公寓各种各样，从简易的一个居室的公寓，到通常遇到的1～3个卧室的普通单元公寓，到廉租公寓，到和独立式住宅相近的跃层联排公寓，组成一个比较完整的实用公寓体系，为社会上的相应人群服务。公寓这种住宅形式各样、遍布城市乡村各地，各地都造得很多，优秀的实例也不少。下面拟举出若干较好的实例作些分析，以供有关方面参考。设计公寓时一般都应该注意以下几方面的问题，以满足各方面的需求。

• 选择地理位置优越的福地，让居住者有较好地寻找工作的机会，上下班方便，减少劳累程度(图1—22、图1—27)。

• 类型齐全，能满足各种特定人群的需要如：

(1)一般单元公寓——这种类型量大面广，租用人也最多，是公寓住宅中的一个重要分支(图2—1～图2—13)。

(2)跃层联排公寓——这种公寓独门独户，房间类型比较齐全，是公寓中比较好但是比较贵的类型，因此房价高、租金也高(图2—91～图2—99)。

(3)老年公寓——常常是为55岁及55岁以上合乎规定条件的老年公民服务(图2—50～图2—51)。

(4)合作公寓——自助服务，比社会旅馆收费低，设备完善(图2—62～图2—63)。

(5)廉租公寓——为低收入者服务(图2—34～图2—40)。

• 购物方便，各种现代化设施齐全，接近教育、医疗、保健、娱乐、餐饮、通讯等各种生活服务设施。

• 环境优美，空气清新、风光绮丽，能感受大自然的恩惠(图2—32～图2—38)。

• 兼顾个人爱好，各地公寓对接受宠物与否，有不同的规定，有的完全欢迎各种宠物，有的作出明确的限制条件，有的则完全拒绝宠物入住，一般房客和宠物爱好者，可以根据情况自己决定选择入住何处。

• 公寓是大量性建筑，造型上往往是简洁大方，人为的装饰性相对地较少。但是各地的建筑形式也是各式各样，有的偏重于现代建筑风格；有的保留传统影响和乡土醇香，各具神韵，各领风骚，值得回味，也为住宅建设者提供一些可以借鉴的资料。详细内容请参阅下面的各个实例。

一、一般社会公寓

• 典型公寓中心部分鸟瞰
• 斯帕公寓
• 彻西公寓
• 落叶松公寓
• 节日村庄公寓
• 斯特林公寓
• 拜耶尔森林公寓
• 庄园公寓
• 梅瑞公寓
• 佛灵顿公寓
• 莫芯岗公寓
• 伯克利公寓
• 和煦坡地公寓
• 花园风景公寓
• 广场公寓
• 学院森林公寓

图2—1　典型公寓中心部分鸟瞰

一般社会公寓都设有一个管理中心，附近多设有健身房、游艺室、篮球场、网球场、邮件箱、公告牌、杂物房和儿童游戏场地、管理中心、游泳池、健身房等设施，组成一个公寓的核心部分。游泳池周边设有进行日光浴的躺椅、更衣间。管理中心区域常常布置各种花坛美化环境。

斯帕公寓

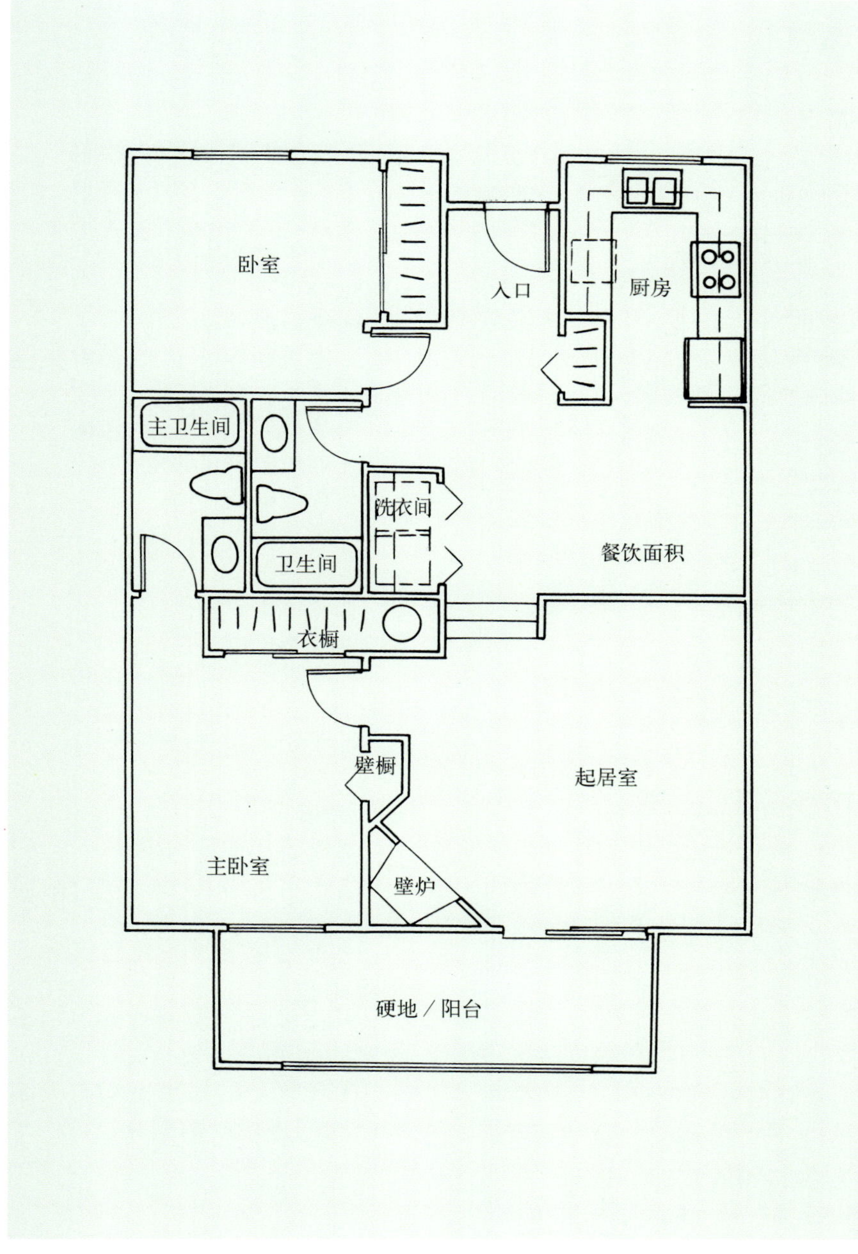

图 2—2

环境：

公寓距商场、服务设施和高速公路仅数分钟车程，工作生活便利，又可享受安静的环境，附近有35英亩大的天然公园。良好的位置和宁静的森林公园景色，呈现出一个祥和的、和谐的且安宁的理想居住环境。

房型：

• 1 — 2 — 3 个卧室

设计特点：

• 起居室、主卧室均有好朝向，通风采光良好，观景方便。

• 主卧室有独立专用卫生间

• 单元内有专用的洗衣机、干燥机

• 设有壁炉，符合居民的传统习惯

• U 形厨房使用方便，可减少劳累

设施：

• 下沉式起居室或高耸的顶棚

• 燃木料壁炉

• 大型洗衣机／干燥机

• 大型阳台／硬地

• 有车库

• 固定式微波炉

• 全年可用的游泳池

• 大型俱乐部

• 宽敞的可进人的壁橱

宠物：

• 猫、狗等大型动物均可

彻西公园公寓

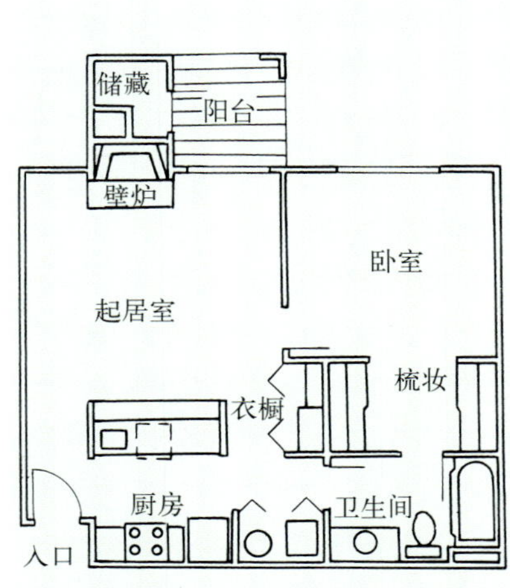

图 2-3 单元(一)
——1 个卧室、1 个卫生间

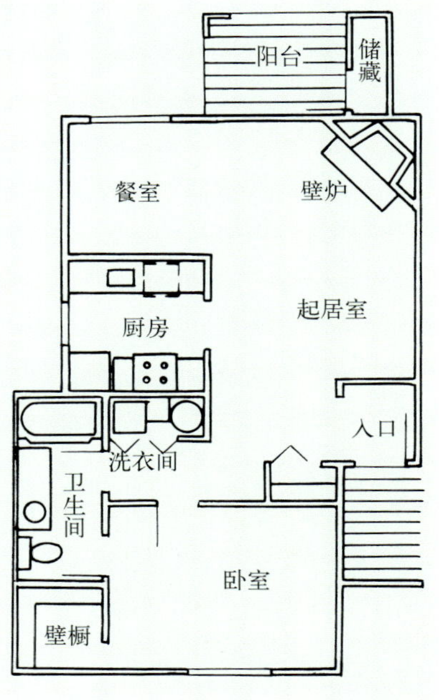

图 2-4 单元(二)
——1 个卧室、1 个卫生间

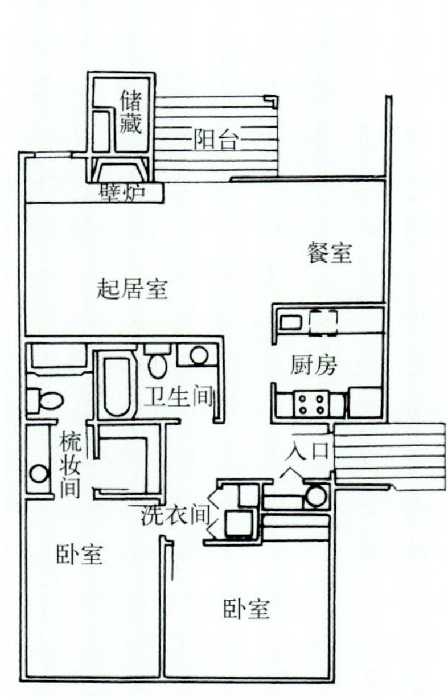

图 2-5 单元(三)
——2 个卧室、2 个卫生间

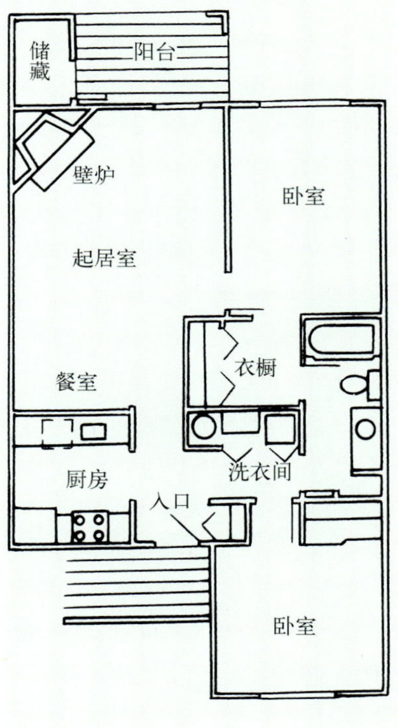

图 2-6 单元(四)
——2 个卧室、2 个卫生间

环境：

- 临近彻西公园环境良好。

房型：

- 1 个卧室、1 个卫生间
- 2 个卧室、1 个卫生间
- 2 个卧室、2 个卫生间

设施：

- 宽敞的平面
- 洗衣机、干燥机和有关设备
- 单元专用阳台／硬地
- 可燃木料的壁炉
- 有线电视
- 温水游泳池、温泉、浴池、桑拿浴
- 有顶车棚
- 游戏场地
- 欢迎大型动物、宠物的友善社区
- 专业人员现场管理

平面特点：

- 各单元均设有壁炉
- 各单元均有阳台／硬地、储藏室
- 有的单元设有化妆区和专用化妆台
- 起居室和餐室组合成一个流动宽敞的灵活大空间
- 各单元的起居室均有大面积落地门视野开敞明亮

落叶松村公寓

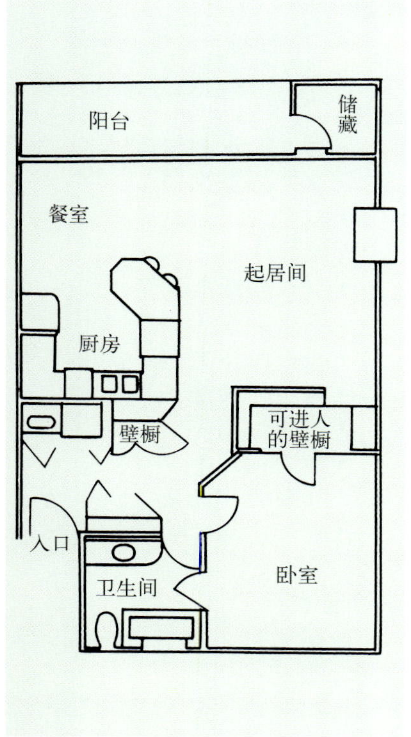

图 2-7 单元A
——1个卧室、1个卫生间

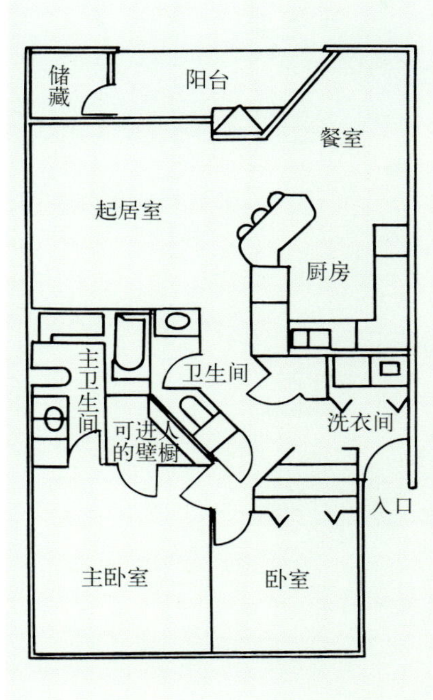

图 2-8 单元B
——2个卧室、2个卫生间

房型：

- 1个卧室、1个卫生间88.25m²
- 2个卧室、2个卫生间104.05m²
- 3个卧室、2个卫生间123.09m²
- 3个卧室、2个卫生间125.42m²

环境与设施：

- 距城市中心高速公路、购物商场和服务设施仅数分钟车程
- 入口、厨房、卫生间瓷砖铺面
- 大型洗衣机／干燥机
- 大型木板平台和室外储藏室
- 燃气壁炉
- 能进人的壁厨
- 穹顶
- 带顶车库，带开启器
- 有效能源供应
- 高速宽带网线路设施
- 宠物、猫狗25磅以下准入住，每月收$300的另加费用

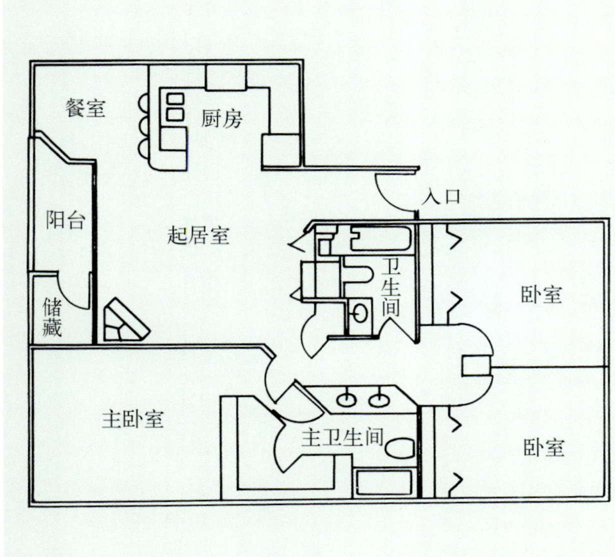

图 2-9 单元C——3个卧室、2个卫生间

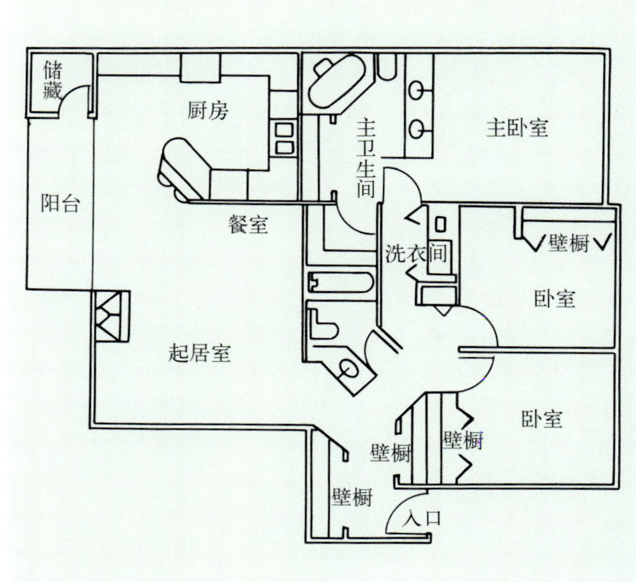

图 2-10 单元D——3个卧室、2个卫生间

节日村庄公寓——适用方便·服务周到·经济实惠

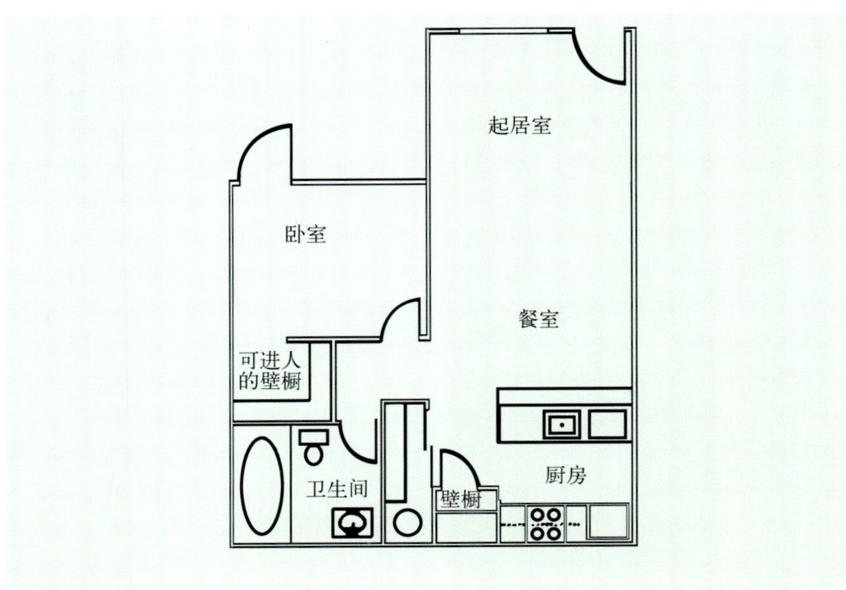

图 2–11　2 个卧室、1 个卫生间的单元平面图

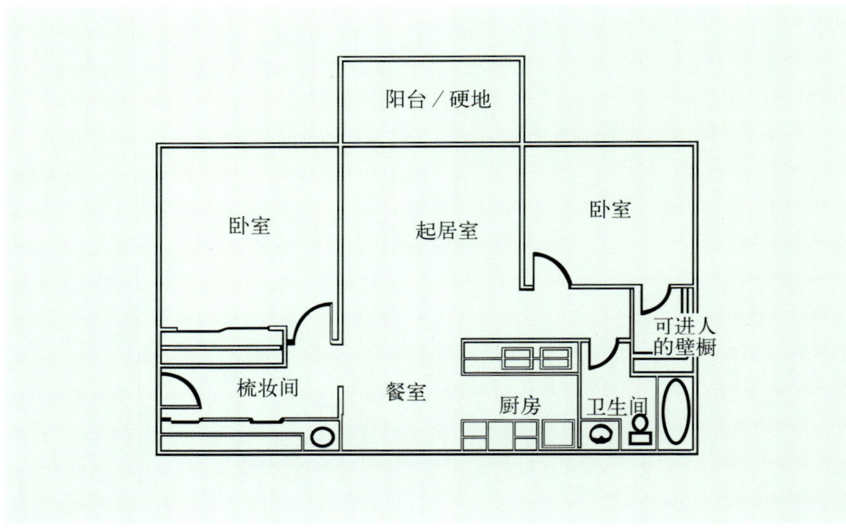

图 2–12　1 个卧室、1 个卫生间的单元平面图

房型：

- 1 个卧室、1 个卫生间

设施：

- 临近购物商场
- 靠近公交站
- 阳光木板平台
- 保健中心
- 温水游泳池
- 俱乐部带大屏幕
- 洗衣设备齐全
- 阳台／硬地
- 顶棚吊扇
- 壁炉
- 野餐烧烤设备
- 散步小路

设计特点：

- 起居室、餐室组成统一大空间
- 起居室、卧室均处在天然采光好的一面
- U 形厨房，利于操作，减少劳累
- 有早餐台面，使用方便
- 可以左右连排布置

房型：

- 2 个卧室、1 个卫生间

设计特点：

- 两个卧室均有好朝向
- 每个卧室均有较大的壁橱
- 平面布置简洁
- 平面可以连排布置，节省总平面建筑用地

斯特林公寓

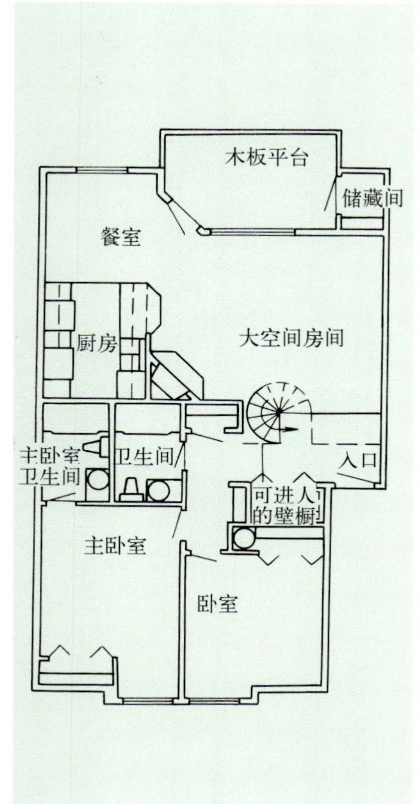

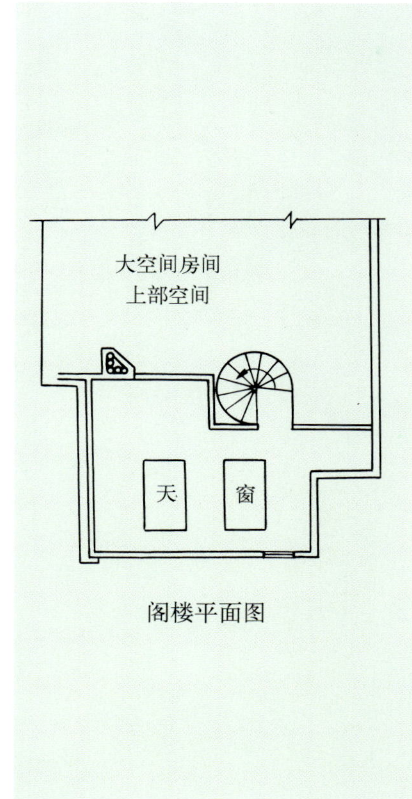

阁楼平面图

图 2-13 2个卧室、2个卫生间单元的一层平面图

房型：

- 1室单元(简易公寓)
- 1个卧室、1个卫生间
- 2个卧室、1个卫生间
- 2个卧室、2个卫生间
- 2个卧室、2个卫生间＋阁楼
- 3个卧室、2个卫生间

设施和特点：

- 靠近图书馆、俱乐部和商业中心
- 可观赏城市夜景
- 大型洗衣机／干燥机
- 部份单元设9英尺高顶棚
- 所有阁楼房间均设螺旋楼梯
- 游泳池／温泉浴池
- 固定式微波炉
- 24小时保健中心
- 自动喷水设备
- 特级隔声设备
- 高速英特网
- 免费日光浴
- 学校——小学、初中、高级中学
- 宠物——欢迎进入，但需提供详细有关资料

拜耳尔森林公寓

图 2—14　拜耳尔森林公寓庭院一角

概况：

本公寓地处各种服务要素的中心。景色美观、宁静，价格合理，各种服务方便齐全，也容易和公共交通联结。

房型：

• 1个卧室(较小型)、1个卫生间

• 1个卧室(普通型)、1个卫生间

• 1个卧室(兼有餐室)、1个卫生间

• 2 个卧室(起居室宽敞、大型壁橱)、1 个卫生间

设施与特点：

• 房间宽敞
• 满铺地毯
• 天花风扇
• 空调
• 卫生间磁砖铺地
• 现代化厨房，另加早餐台
• 织麻片壁橱门
• 各栋公寓楼均有洗衣间

庄园公寓

图 2-15 公寓入口透视

概况：

美如公园的周边环境。繁茂的草木、精心规划的风景视野，是一个良好的人居环境，也是一个少有的好公寓住宅。这里既舒适，又容易去工作机会多的附近大城市，它还具有头等的管理水平和服务水平。

房型：

- 1 个卧室、1 个卫生间
- 2 个卧室、1 个卫生间

设施与特点：

- 免费供热、免费供热水、免费供应灶事用煤气
- 周围风景如画
- 每栋楼都有洗衣设备
- 空气调节
- 预设的有线电视设施

梅瑞公寓

图 2–16　梅瑞公寓外部透视

概况：

梅瑞公寓既有农村的生活舒适，又有城市生活的便利，安静、清洁、舒适宜人，去购物、学校等处只有数分钟的车程，工作人员服务友好、热情。

房型：

- 1 个卧室、1 个卫生间
- 2 个卧室、1 个卫生间

设施和特点：

- 私家用入口
- 靠近学校和购物商场
- 附近有大片林木
- 临近交通设施
- 每栋公寓均有洗衣机、干燥机
- 大型可进人的壁橱
- 满铺地毯(起居室、卧室)
- 阳台
- 中央空调
- 每户单独控制的供热系统
- 靠近客运火车站

佛灵顿公寓

图 2-17 公寓内部花园

概况：

这里可以体验到豪华住宅氛围。这里有重新装修一新的公寓，居民可以享受完备的各项设施，包括特大型游泳池、网球场、桑拿浴等，可以享用华丽的社区壁炉，还可以提供昼夜全方位的服务。

房型：

• 1个、2个卧室单元(带露台)

• 1个、2个卧室单元(带木板平台)

• 1—2—3个卧室单元(带娱乐房间)

设施与特点：

• 入口门卫

• 每个单元均有洗衣机、干燥机

• 大型木板平台

• 室内满铺地毯

• 不结露冰箱

• 洗碗机、微波炉

• 豪华型游泳池

• 灯光网球场

• 野餐和烤肉设施

莫芯岗公寓

图 2-18　中心游泳池

房型：

•1 个卧室、1 个卫生间

•2 个卧室、1 个卫生间

租期：

应租用 7 个月以上

宠物：

猫——另交 150 美元／月

狗——另交250美元／月，不准繁殖

设施与特点：

• 摩登欧式风格、周围景色秀丽

•舒适壁炉、磁砖铺边

• 大型储藏面积和可进人的壁橱

•大型洗衣机、干燥机

•全年供热游泳池

•保健中心

•专业现场管理

伯克利公寓

图 2-19 散步小路与公寓群

概况：

这里有多种宽敞的房型和大量储藏空间可供选择。这里距历史名城很近，有较多的人文景观可探访。这里可以享受迷人的景色。停车方便，服务水平优秀。

房型：

- 1 个卧室、1 个卫生间
- 1 个卧室、1 个卫生间＋小室
- 2 个卧室、1 个卫生间
- 2 个卧室、1 个卫生间＋小室

设施与特点：

- 私家入口
- 私家用洗衣机、干燥机
- 平面宽敞
- 带进餐区的厨房
- 游泳池、网球场
- 医疗保健中心
- 高速英特尔网
- 昼夜急救
- 购物、餐饮、娱乐快捷方便

和煦坡地公寓

图 2—20　和煦坡地公寓前面花园

概况：

这里有良好的游泳池、购物中心，也是生活时尚、交通方便的地方，同时也靠近其他生活服务设施。和煦坡地公寓是个理想的生活地方。

欢迎携带宠物入住——这里是附近少数社区欢迎携带宠物入住的公寓。

房型：

- 1 个卧室、1 个卫生间
- 2 个卧室、1 个卫生间

设施与特点：

- 区内有秀丽的公园
- 私密性入口
- 特大型壁橱
- 洗衣间
- 干燥间
- 专用游泳池
- 昼夜紧急救护
- 临近购物中心
- 有线电视，天花风扇
- 可以任选硬地或木板平台
- 优良的教育系统
- 免费供应热水、生活用热

花园风景公寓

图 2-21　公寓楼群之一与外部环境

概况：

区位好、品质优、租金低廉。

花园景象公寓位于城镇最好的市场一角，距离商业中心仅数分钟车程的距离。管理上可为每一个居民提供最贴心的服务。

房型：

• 1 个卧室、1 个卫生间

• 2 个卧室、1 个卫生间

设施与特点：

• 房间平面宽敞

• 设有单独餐室或厨房里兼有就餐区

• 空调

• 微型垂直遮光片

• 阳台和推拉门

• 居室里满铺地毯

• 大小可招待客人的起居室

• 有线电视

• 网球场、足球场

• 新型灯光停车场

• 私家用外部入口

• 昼夜紧急救护

• 高尚学区

• 欢迎小型宠物

广场公寓

图 2—22　广场公寓夜景——前面为中心游泳池

概况：

可提供既豪华又有个性的公寓服务。

平面宽敞、景色迷人、人居环境优越。

离大城镇近、工作机会多。

房型：

• 1个卧室＋小室、50个大型平面可选用。

• 2个卧室、20个大型平面可选用。

设施与特点：

• 每个家庭都有洗衣机、干燥机

• 壁橱宽敞，另加储藏面积

• 居室满铺地毯

• 中央空调

• 免费医疗中心

• 俱乐部

• 奥林匹克游泳池

• 昼夜急救

• 步行距离购物

• 租期自由

• 欢迎携带宠物——限35磅以下

学院森林公寓

图 2—23 公寓院落一角

概况：

这里是一个宁静的居住好去处，远离繁闹的都市，学院风景如画。

房型：

- 1 个卧室、1 个卫生间
- 2 个卧室、1 个卫生间

设施与特点：

- 免费供热、供热水、免费供灶事用煤气
- 私密性入口
- 空气调节
- 现代化的洗衣中心
- 6 英尺宽的大壁橱
- 微型百叶窗
- 轻型天花吊顶风扇
- 设备完善的厨房
- 宽阔的停车场
- 游戏场、野餐用地
- 距离主要道路在 1/4 英里—3 英里之间交通便利

二、小型公寓

海狸堡小型公寓(一)

图 2—24　海狸堡一家单元公寓内院景色——绿色映衬白灯，夜晚如月明。

房型：

- 1 个卧室、1 个卫生间
- 2 个卧室、1 个卫生间
- 2 个卧室、2 个卫生间

环境：

- 交通便利，去工作地区方便、快捷
- 临近森林公园、水塘、草地，环境宁静、舒适
- 靠近各种生活服务设施，可购物、娱乐、健身、休闲
- 附近有幼儿园、小学、初中、高中等教育设施

设施：

- 免费供应冷热水
- 大型冰箱
- 电气灶具，电热取暖
- 有集中使用的洗衣机、干燥机
- 阳台／硬地

海狸堡小型公寓(二)

图2—25　前面是公寓的儿童游戏场，后面是另一家小型公寓

海狸堡小型公寓(三)

图 2-26 公寓庭院透视

房型：

- 1 个卧室、1 个卫生间
- 2 个卧室、1 个卫生间
- 2 个卧室、2 个卫生间

环境：

- 临近森林公园、水塘、草地
- 靠近大城市、工作机会多
- 各种生活服务设施齐全、生活舒适方便

设施：

- 集中式洗衣机、干燥机
- 阳台／硬地＋储藏间
- 大型冷箱
- 电气灶具、电气采暖
- 专用停车场地

海狸堡小型公寓(四)

图 2-27 紫墙公寓沿街景观

房型：

- 1 个卧室、1 个卫生间
- 2 个卧室、1 个卫生间
- 3 个卧室、2 个卫生间

环境：

同海狸堡小型公寓(三)

设施：

- 集中式洗衣机、干燥机
- 电气灶具、电气采暖
- 划线专用停车场地
- 大型壁橱

海狸堡地区的商业服务建筑——紧临附近的小型公寓

图 2-28　商业建筑

图 2-29　银行

图 2-30　礼品、保健品、杂品

图 2-31　托姆咖啡屋

三、环境优越的公寓

- 瀑布公园公寓
- 瀑布绝顶公寓
- 晚霞峰顶公寓
- 森林池塘公寓
- 水晶溪公寓
- 鹌鹑脊和愉快山谷公寓
- 森林哨声公寓
- 神密森林公寓
- 达拉维尔某公寓
- 小溪村公寓

瀑布公园公寓

图 2–32 公寓名牌

环境：

紧邻瀑布公园。飞瀑下泻的鸣声——大自然演奏的音乐，和周围大片森林草地的平静安谧宁静气氛巧妙地互相协调，构成了动静合拍的自然美妙环境，是个居住、休闲的好地方。

房型：

- 1 个卧室、1 个卫生间
- 2 个卧室、1 个卫生间
- 2 个卧室、2 个卫生间
- 3 个卧室、2 个卫生间

设施及特点：

- 宽敞的套房
- 内部布置顾客设计
- 带遮棚的车库
- 硬地／阳台 带储藏室
- 居民社区中心——健身房
- 娱乐设施
- 休闲水塘和全年凹地水塘——垂钓、划船
- 网球场、篮球场、儿童游戏场
- 游戏器具

图 2–33 公寓建筑群和内部环境

瀑布绝顶公寓

图 2—34　建在山顶上的公寓楼群

环境：

位于山顶，四周为森林环抱，又有瀑布流水，特别适合于人居休闲、观景，宛如置身于美妙的大自然怀抱之中。

设施：

- 24 小时会议中心，设有扫描器和数字计算机、照像机
- 24 小时健身中心
- 免费租电影片
- 燃气烤肉架设备
- 门卫服务
- 附近有小学、初中、高级中学
- 购物方便

图 2—35　瀑布风景区和观景桥

晚霞峰顶公寓

图 2-36　公寓楼群外观

环境：

在晚霞峰顶公寓居住韵味与众不同。这里为公寓居民提供了宽阔的居住环境。人们在这里可以尽情地呼吸新鲜空气，享受金色的霞光。这里也很容易去闹市中心购物办事。在这里居住像是工作在城市、居住在乡村，好似把家安放在休闲胜地一样。

设施与特点：

- 位于西山胜景之中
- 平面布局舒适合理
- 私人专用木板平台
- 大型壁橱
- 洗衣机／干燥机
- 停车场
- 游泳池／温泉浴／桑拿浴
- 24小时健身设施
- 靠近公交路线
- 靠近大型车场
- 俱乐部和聚会用房

图 2-37　室内环境一角——起居室

森林池塘公寓

图 2—38　公寓外部环境——树林、芳草、池塘、木桥、流水

环境：

微波、流水、喷泉和繁茂的树林芳草构成了社区的特点。你可以坐在房前房后的硬地上，或木板平台上，或者坐在壁炉前休闲养性。这里离主要河水不远，通向商场、购物中心、饭店、娱乐场所和高速公路只有数分钟的车程，去各种学校也很方便。

房型：

- 1 个卧室
- 1 个卧室、1 个卫生间、阁楼
- 2 个卧室、1 个卫生间
- 2 个卧室、2 个卫生间

设施：

- 宽敞的 1 个和 2 个卧室
- 壁炉和完整的厨房
- 螺旋楼梯
- 宽敞的阁楼
- 天窗
- 燃烧木料壁橱
- 分配好的带顶棚车位供免费使用
- 热水游泳池
- 全年温泉浴
- 免费洗衣设备
- 专职服务人员

水晶溪公寓

图 2-39 公寓庭院一角——树木苍劲，水波与喷泉相映成趣

概况：

这里环境优越，风光如画，是个良好的人居环境公寓。

房型：

1—2—3 个卧室

设施与特点：

• 有附属于公寓的车库
• 声响报时系统
• 洗衣机、干燥机(每栋公寓都有)
• 欧式厨房高级用具
• 燃木料壁炉
• 特大型硬地(Patio)
• 大型幕布 TV
• 健身中心
• 免费供氧和日光浴
• 两个游泳池、室外温泉浴池(SPA)

宠物：

保证是小型的宠物可以入住

图 2-40 庭院又一角透视

鹤鹑脊和愉快山谷公寓

图 2-41 公寓入口处透视

概况：

公寓居民可以享受峰顶和山谷的优良生活品质。设计精巧，平面宽敞。公寓周围有高尔夫球场，也有众多的购物中心和餐饮设施。公寓离大城镇和火车站很近，上下班方便。

房型：

- 工作室(1个卧室、1个卫生间的简单公寓)
- 1个卧室、1个卫生间＋小室
- 2个卧室、2个卫生间＋小室

设施与特点：

- 高尔夫球场
- 平面设计宽敞
- 游泳池、网球场
- 现代厨房
- 房间满铺地毯
- 大型可进人的壁橱
- 硬地或木板阳台
- 个人控制的中央供热和空调系统
- 多数公寓楼有洗衣机、干燥机
- 度假村式的生活——在游泳池里纳凉、沐日光浴，充分享受周围美丽的景色。

森林哨声公寓

图 2—42 公寓庭院景色

概况：

欢迎你到森林哨声的愉悦氛围里来。这里有大自然的宁静环境叫人流连忘返，这里去繁华地带也很方便，大约十几分钟的车程可到历史名城游览访问。这里有足够的购物、博物馆等商业和文化生活服务设施，而且离风景如画的新希望开发带不远，也有公园和美丽的达拉维尔河景色，可以增添高层次的生活品味。

房型：

•1个卧室、1个卫生间(有私家入口和大型壁橱)

•2个卧室、1个卫生间(有私家入口和大型壁橱)

设施与特点：

•特殊的平面布置

•家具齐全

•每栋公寓都有洗衣机、干燥机

•房间满铺地毯

•贴磁砖卫生间

•单独供热系统

•外部场地宽阔，有烧烤设施

•有线电视

•高质量的居住环境、高质量的服务

神秘森林公寓

图 2—43　公寓外景

概况：

位于树丛和鲜花旁边。住在这里完全和大自然融为一体。神秘森林公寓提供了一个绿色的、完全符合人居环境要求的公寓住宅。这里很容易和高速公路及其他交通网连结，也很容易到达附近大城市工作地点。

房型：

- 1 个卧室、1 个卫生间
- 2 个卧室、1 个卫生间

设施与特点：

- 每栋公寓都有洗衣机、干燥机
- 供热、供热水、供煤气全部免费
- 洗碗机、车库
- 大型壁橱空间
- 全部满铺新地毯
- 空调、有线电话
- 新型厨房、大型冷箱
- 带窗帘的新型窗子
- 免费游泳池
- 昼夜急救设施
- 全新卫生间

达拉维尔某公寓

图 2-44 公寓楼一角入口小景

概况：

可以观赏达拉维尔河岸风光，可以在河岸小路上散步休息。住在这里远离喧闹的城市噪音，可以享受宁静、和谐的自然美景。这里离高速公路不远，便于工作、购物。

房型：

•1 个卧室、1 个卫生间

•2 个卧室、1—1/2 个卫生间 跃层连排公寓(Town houses)

•3 个卧室、2—1/2 个卫生间 跃层连排公寓(Town houses)

设施与特点：

•房费中包括供热、供热水

•中央空调

•私人用入口

•有线电视

•各公寓楼均有洗衣机、干燥机

•宽敞的储藏空间

•游泳池

•遮光百叶窗

•2 个网球场

•散步小路(休闲、散步、骑自行车)

小溪村公寓

图 2-45　小溪村公寓庭院景色

概况：

这里有终生为伴的朋友和长期居民。附近绿树成荫，溪流散布，离瀑布和公园很近。这里有良好的服务，餐馆、干洗、休闲、娱乐和方便的储藏设备就在眼前。

房型：

- 1 个卧室、1 个卫生间
- 1 个卧室、1 个卫生间 + 小室
- 2 个卧室、1 个卫生间
- 2 个卧室、2 个卫生间
- 2 个卧室、2 个卫生间 + 小室

设施与特点：

- 2001 年地区先进社区
- 对宠物友好的社区
- 州立艺术中心
- 灯光网球场
- 图书借阅
- 保证维修
- 私家入口
- 大型游泳池
- 俱乐部、社会活动用房
- 洗衣机、干燥机
- 硬地(Patio)或阳台(deck)
- 免费供热、供煤气、免费供热水

四、高层公寓

- 某市中心区高层公寓
- 塔楼公寓
- 卡尔顿公寓

某市中心区公寓

图 2–46 市中心区高层公寓群

环境与特色：

可眺望全城景色，可在私人阳台上呼吸新鲜空气。

房型：

- 大型的1、2、3个卧室公寓住宅
- 豪华的 3 个卧室的跃层式公寓

设施：

- 美观的厨房
- 精美的 9 英尺高顶棚
- 大量壁橱

社区特点：

- 昼夜保健服务
- 地下车库
- 步行社区人行道、坐椅、路灯
- 可步行到商业区购物、餐饮等等
- 可以合租、短期租用

图 2–47 高层公寓附近景色

塔楼公寓——一个理想中的城市公寓

图 2—48　塔楼公寓近景

房型：

- 工作室(有简单厨房、卫生间的公寓)
- 1 个卧室
- 2 个卧室

特色和设施：

- 高等级平面设计
- 可观赏城市全景风貌、城市夜景和雪山白帽景色
- 装修美观
- 紧临华盛顿公园、MAC俱乐部和富豪山
- 屋顶花园和日光平台
- 昼夜洗衣中心
- 公用事业服务
- 安全入口、洗车棚
- 门卫
- 社区活动

卡尔顿公寓

图 2-49 公寓大楼外部透视

概况：

这里是时尚和方便的结合。位于商业区中心，城市中心就在你的脚下，可享受很多高档用餐，购物、宴会、游艺和交通便利。

户型：

• 1 个卧室、1 个卫生间

• 2 个卧室、1—1/2 个卫生间

设施与特点：

• 随机停车服务

• 可选择的宽敞和美观的用房

• 大量的储藏壁橱

• 昼夜温馨服务

• 就地提供医药、银行、熟食店和干洗服务

• 多数公寓单元里有洗衣机、干燥机

五、老年公寓

- 海狸堡郊区老年公寓
- 汉米尔顿老年公寓

海狸堡郊区老年公寓

图 2—50　海狸堡郊区老年公寓外观

环境：

地处海狸堡南部，周围林木茂盛，芳草遍地，离市区不远，同时又安静祥和，适于老人生活。

设施及特色：

内设单间和小型单元几种套型，使用灵活。每个单元除设有卫生间外，尚有简单的厨房，另外还设有公共厨房、专业厨房和各种文化娱乐房间，可供各种兴趣小组进行活动。老年公寓允许养小型宠物。

汉米尔顿老年公寓——一个免费的生活方式在等待着你

图 2-51 汉米尔顿老年公寓大楼透视

设施与特点：

- 24 小时急救保护
- 现场保健服务
- 现场有社会服务走廊
- 现代化洗衣设备
- 免费供热、热水和有线电视
- 充足的停车场地
- 购物方便
- 靠近礼拜堂
- 临近公交路线

注意事项：

- 限 55 岁及 55 岁以上的老年人入住
- 欢迎小型宠物

六、廉租公寓

- 春田公寓
- 奥克兰新建廉租公寓
- 百年村公寓
- 瀑布小溪村庄公寓

春田公寓

(廉租公寓)

单元设计特点：

- 各单元的空间组织紧凑，建筑利用率较高
- 起居室和餐室组合成为一个大空间便于灵活使用
- 各单元均采用U字形厨房，便于操作，省时省力
- 主要居住空间均设在好朝向，天然采光，自然通风好
- 各单元均设有洗衣房——洗衣机、干燥机
- 各单元均有储藏间

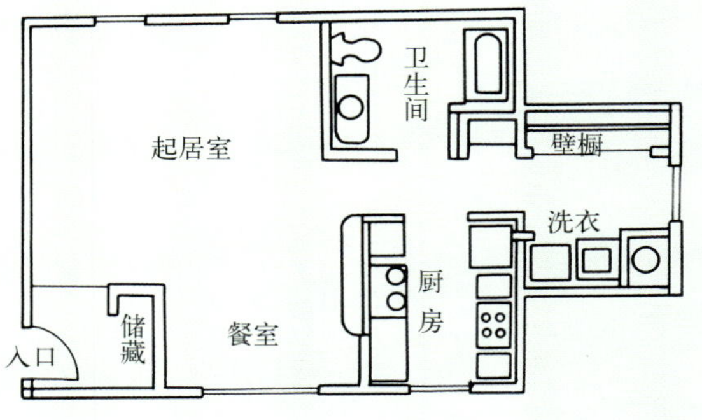

图 2-52　单元A——1个居室公寓

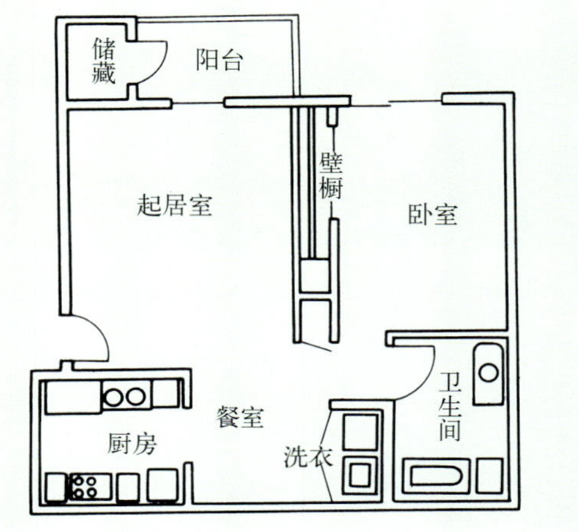

图 2-53　单元B——1个卧室、1个卫生间

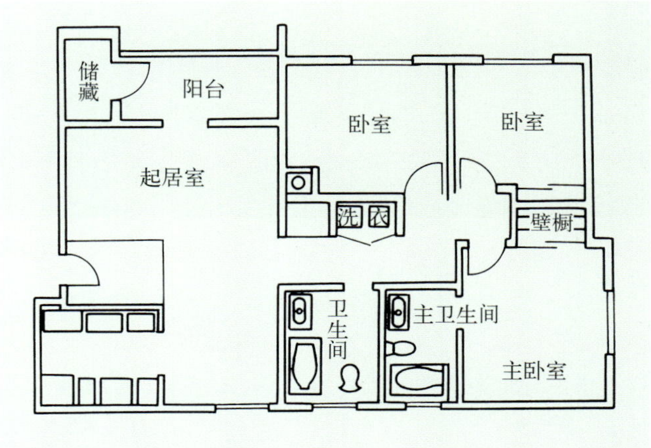

图 2-54　单元D——3个卧室、2个卫生间

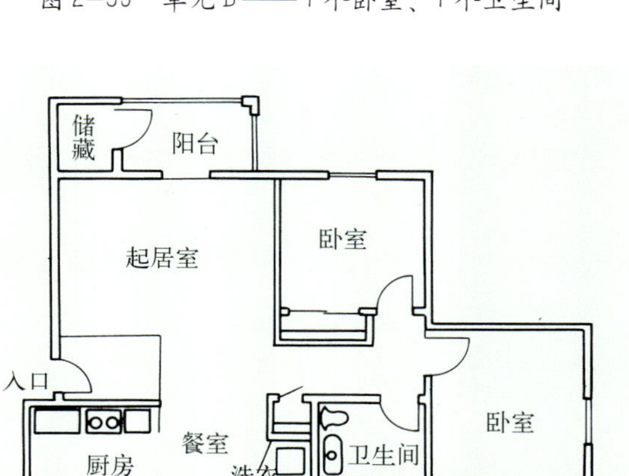

图 2-55　单元C——2个卧室、1个卫生间

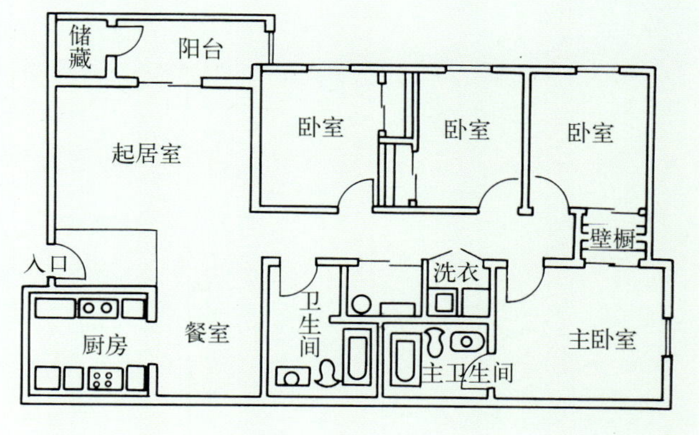

图 2-56　单元E——4个卧室、2个卫生间

奥克兰廉租公寓

图 2–57 奥克兰新建廉租公寓楼群外观(一)

图 2–58 奥克兰新建廉租公寓楼群外观(二)

特点：

专门为低收入者兴建的公寓。

房型：

- 1 个卧室、1 个卫生间
- 2 个卧室、1 个卫生间
- 3 个卧室、2 个卫生间
- 4 个卧室、2 个卫生间

设施：

- 各单元均有洗衣机、干燥机
- 阳台／硬地、储藏间
- 冷热水
- 有线电视
- 交通便利，工作、购物方便

百年村公寓

图 2—59　起居室内景

图 2—60　庭院透视

概况：

环境优越，有完整的公寓设施序列，可以享有广泛的选择性，而且有很多廉价的公寓单元可供租用。

房型：

• 工作室(具有简单厨房、卫生间的 1 室单元)、1 个卫生间
• 1 个卧室、1 个卫生间
• 1 个卧室 + 小室、1 个卫生间
• 2 个卧室、1 个卫生间
• 3 个卧室、1 个卫生间
• 1 个卧室 + 正规餐厅 +1 个卫生间

设施与特点：

• 免费游泳池
• 邻近风景如画的城市公园
• 1 英里长天然散步小路
• 儿童游戏场
• 健身房
• 室内满铺地毯
• 新型小百叶窗
• 空气调节
• 新型厨房
• 贴磁砖卫生间
• 宽大的壁橱
• 宽带网入户

瀑布小溪村庄公寓

图 2—61　外部透视与庭园绿化

概况：

在风景如画的社区里，你可以享用免费维修，生活时尚，环境优越，而且租金低廉。

房型：

• 1 个卧室、1 个卫生间

• 2 个卧室、1 个卫生间

• 2 个卧室、1—1/2 个卫生间

设施与特点：

• 宽敞的平面与大量储存空间

• 每个单元都有洗衣机、干燥机

• 2 个卧室单元带洗碗机

• 摩登欧式厨房

• 单独供热、供电、(A/C)系统

• 房间满铺地毯

• 昼夜急救

• 奥林匹克规格游泳池和健身房

• 沙地排球，郊游园林小路

• 彼兹堡学者奖金获得者

• 靠近主要公路

• 便于购物、餐饮、宴会、健身

七、合作公寓

• 清水塘合作公寓
• 庭院公寓

清水塘合作公寓

图 2—62 清水塘合作公寓院内小景(一)

清水塘合作公寓坚定地把人们的居住生活最优化，创造了一个休闲的好去处。不论你在这里住一天，还是住一年，我们的目的是给你提供一个无与伦比的居住环境和服务。可以享受美丽的景观。其交通便利，容易到达周边的主要城市，工作机会多。

房型：

• 2 个卧室、$1\frac{1}{2}$ 个卫生间
• 923 平方英尺居住空间
• 餐厅、厨房、储藏室
• 大型起居室
• 配备生活家具

设施与环境：

• 瓷砖入口门厅
• 免费供应上下水
• 室内娱乐活动
• 健身中心
• 游泳池 / 网球场
• 有吸引力的休闲去处
• 高速英特尔宽带网
• 有选择地接受宠物

图2—63 清水塘合作公寓院内小景(二)

庭院公寓

图 2—64 公寓外观与保温隔热墙

概况：

这里是全部重新装修的公寓，每个地方都替居民考虑得很周到。公寓的周围有公园般的美丽环境，住在这里可以享受到名牌公寓的乐趣。

房型：

- 1 个卧室、1 个卫生间
- 2 个卧室、1 个卫生间
- 2 个卧室、2 个卫生间

另外这里也有合作公寓，可供租用(带有常用家具、灶具的公寓)。

设施与特点：

- 全新装修的公寓
- 大型洗衣机、干燥机
- 各房间满铺地毯
- 宽敞的平面
- 中央供热、中央空调系统
- 大量的壁橱可供使用
- 高速英特尔网络
- 报时钟
- 私人用硬地或木板阳台
- 昼夜急救设施
- 到附近各主要城市交通方便

八、白瑟尼南岗地区共管公寓

图 2—65　白瑟尼南岗地区共管公寓外部透视

环境：

地处城市郊区，交通方便，工作机会多。与之毗邻的是南岗商贸服务中心，生活服务设施齐全，商店、购物中心、学校医院、银行距离公寓只有数分钟车程以内。附近还有原始森林、草原、河流，环境优越。

房型：

- 1 个卧室、1 个卫生间
- 2 个卧室、1 个卫生间
- 2 个卧室、2 个卫生间

设施：

- 中央空调，燃气供热
- 大型洗衣机／干燥机
- 燃气壁炉
- 硬地／阳台带储藏间
- 社区活动中心
- 网球场
- 篮球场
- 健身房

白瑟尼南岗地区共管公寓(各单元平面图)

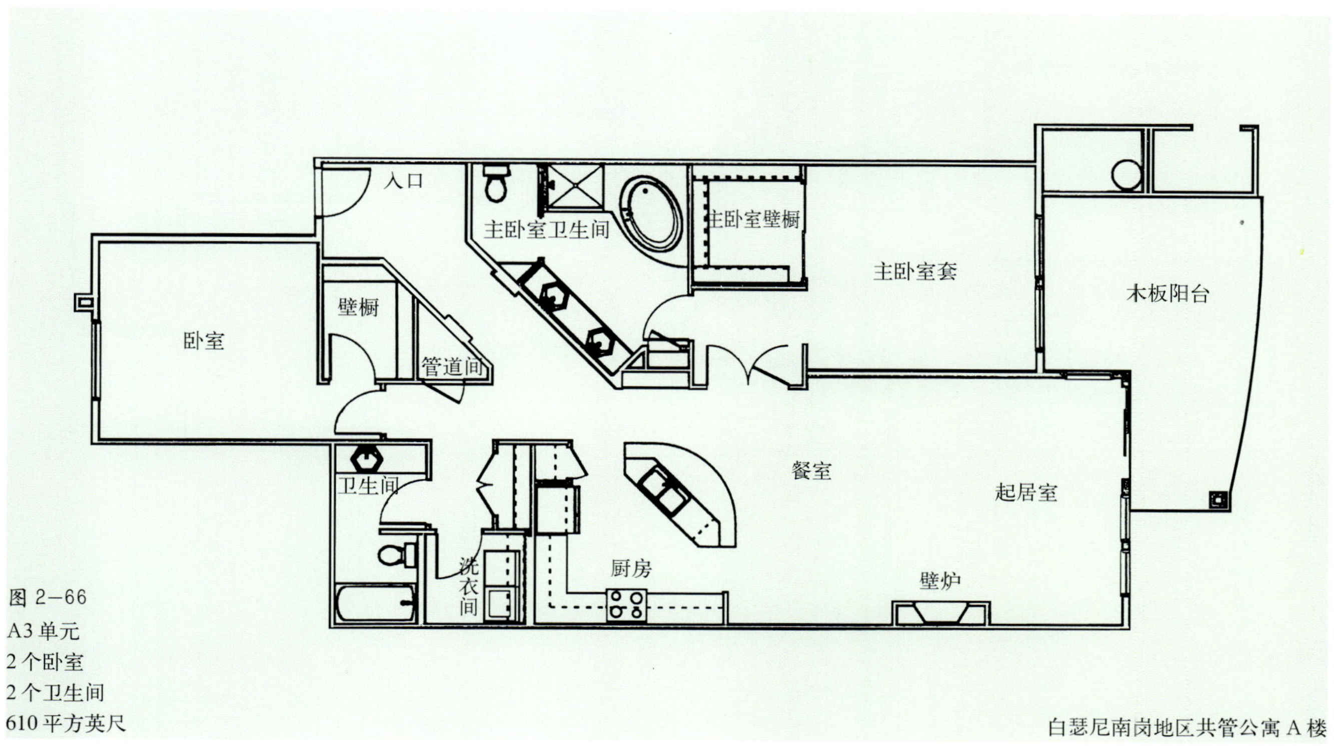

图 2-66
A3 单元
2 个卧室
2 个卫生间
610 平方英尺

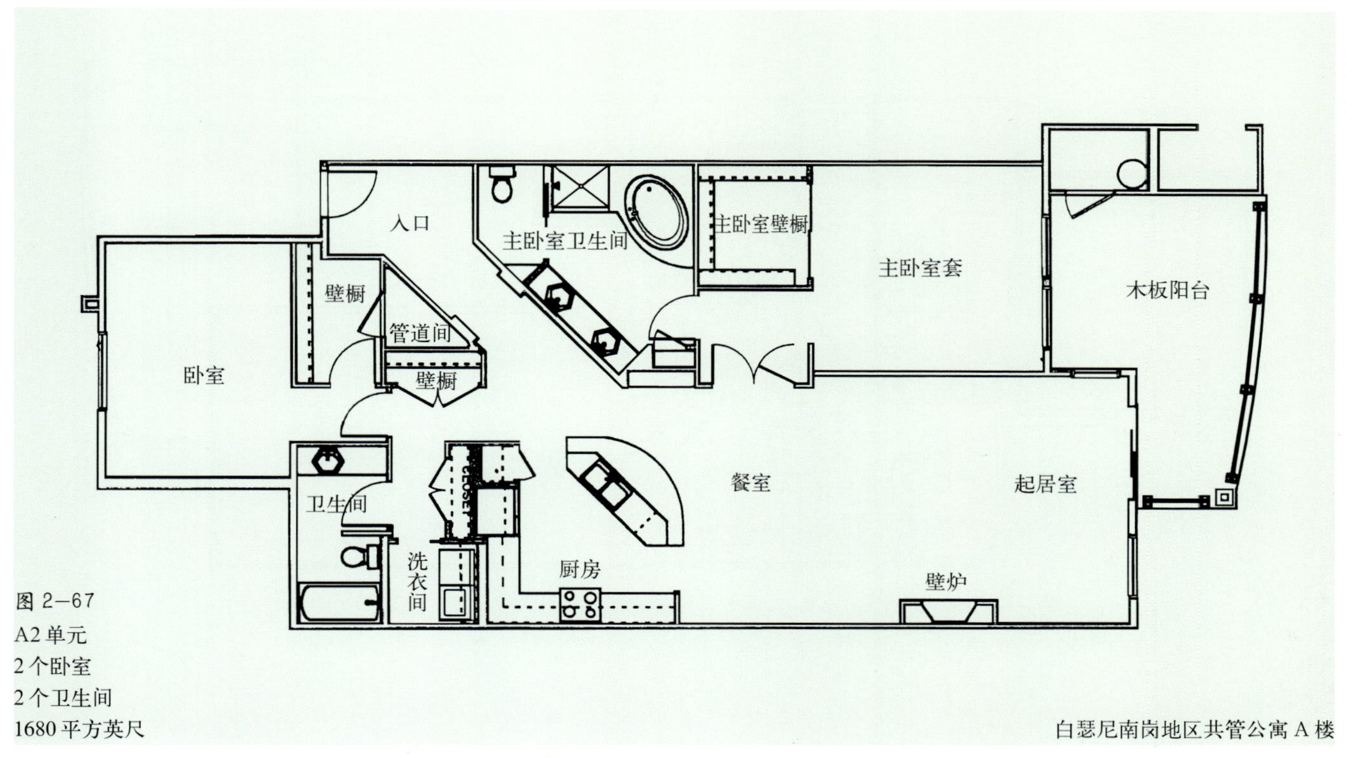

图 2-67
A2 单元
2 个卧室
2 个卫生间
1680 平方英尺

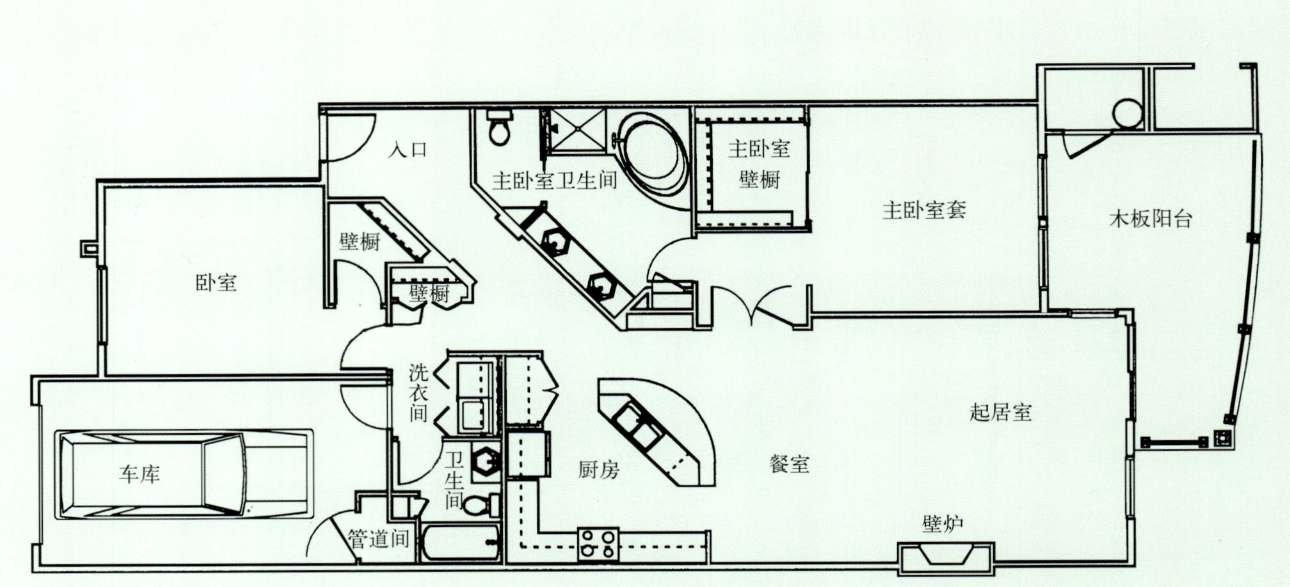

图 2—68
A6 单元
2 个卧室 + 车库
2 个卫生间
1580 平方英尺

白瑟尼南岗地区共管公寓 A 楼

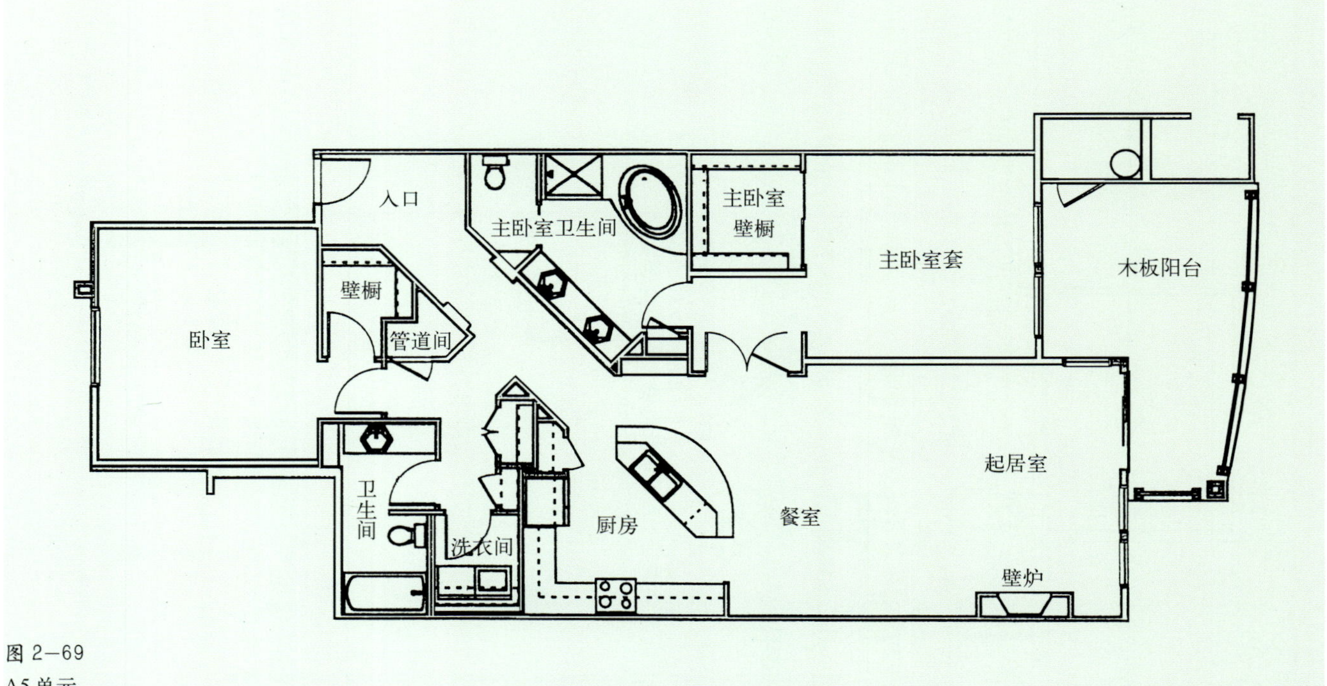

图 2—69
A5 单元
2 个卧室
2 个卫生间
1625 平方英尺

白瑟尼南岗地区共管公寓 A 楼

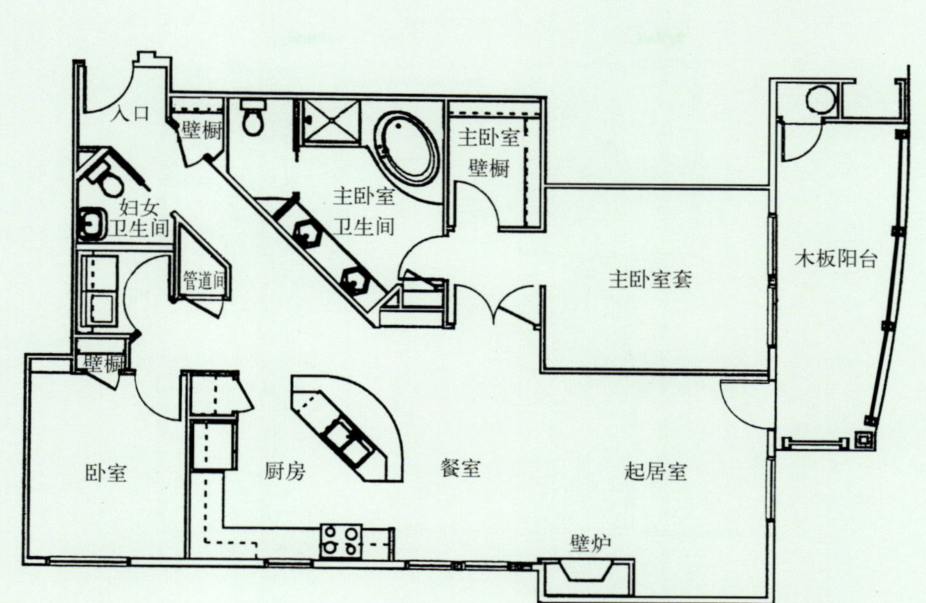

图 2—70
D 单元
2 个卧室
1—1/2 个卫生间
1305 平方英尺

白瑟尼南岗地区共管公寓 A 楼

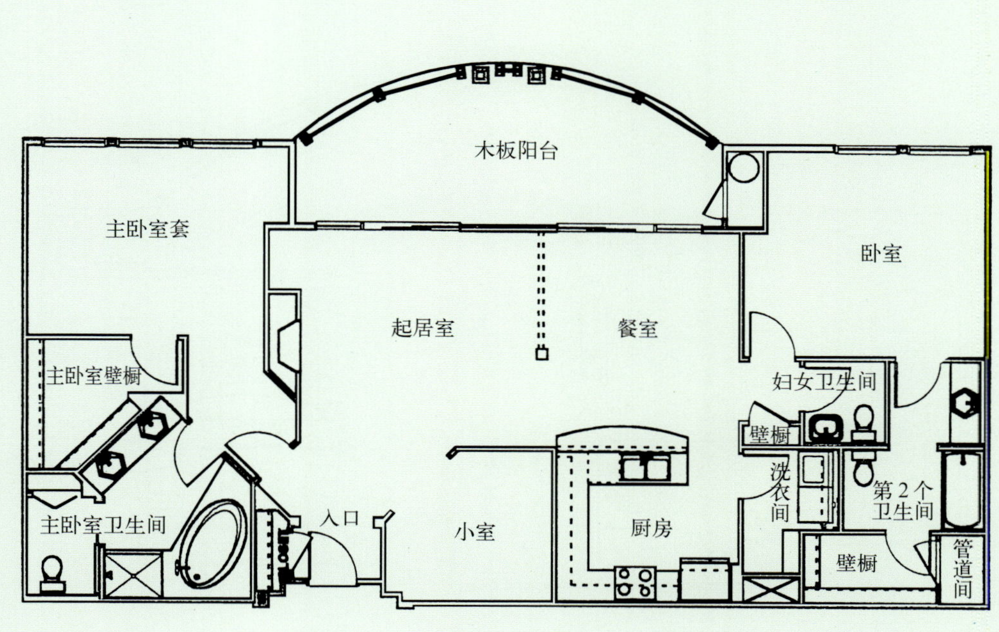

图 2—71
B 单元
2 个卧室 + 小室
2—1/2 个卫生间
1621 平方英尺

白瑟尼南岗地区共管公寓 A 楼

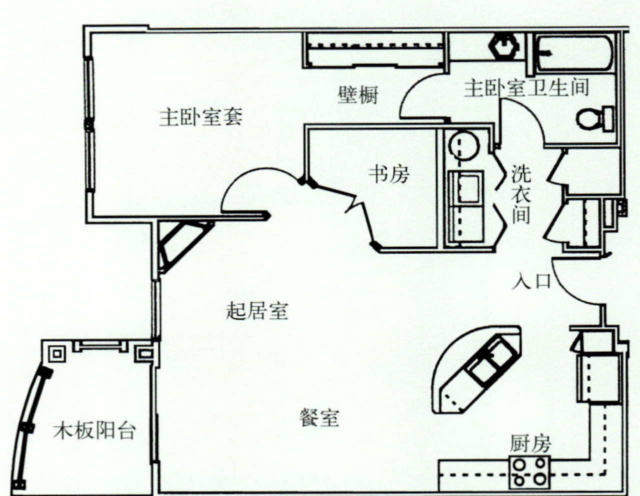

图 2—72
I 单元
1 个卧室 + 小室
1 个卫生间
927 平方英尺

白瑟尼南岗地区共管公寓 A 楼

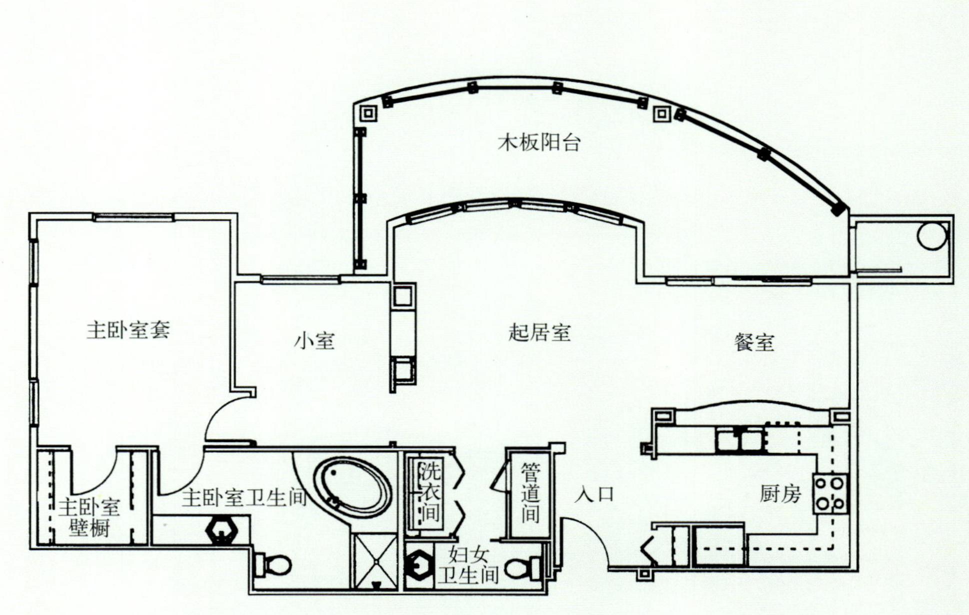

图 2—73
E 单元
1 个卧室 + 小室
1 — 1/2 卫生间
1084 平方英尺

白瑟尼南岗地区共管公寓 A 楼

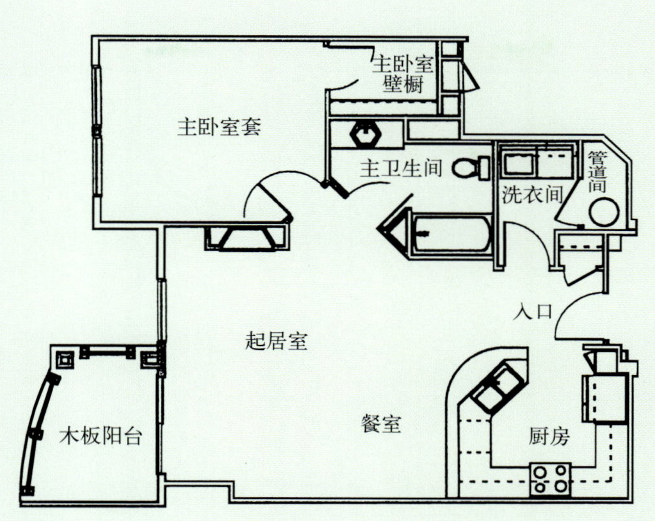

图 2—74
K 单元
1 个卧室 + 小室
1 个卫生间
844 平方英尺

白瑟尼南岗地区共管公寓 A 楼

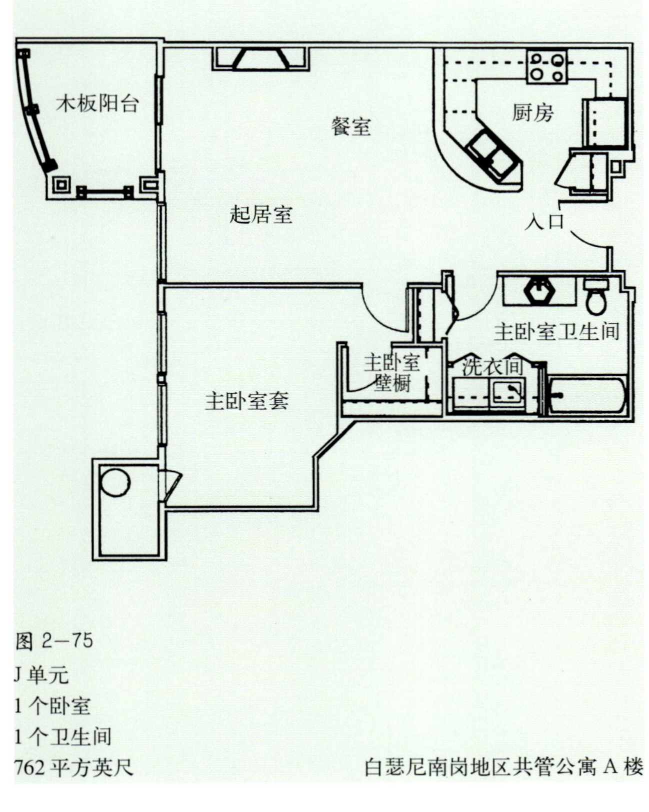

图 2—75
J 单元
1 个卧室
1 个卫生间
762 平方英尺

白瑟尼南岗地区共管公寓 A 楼

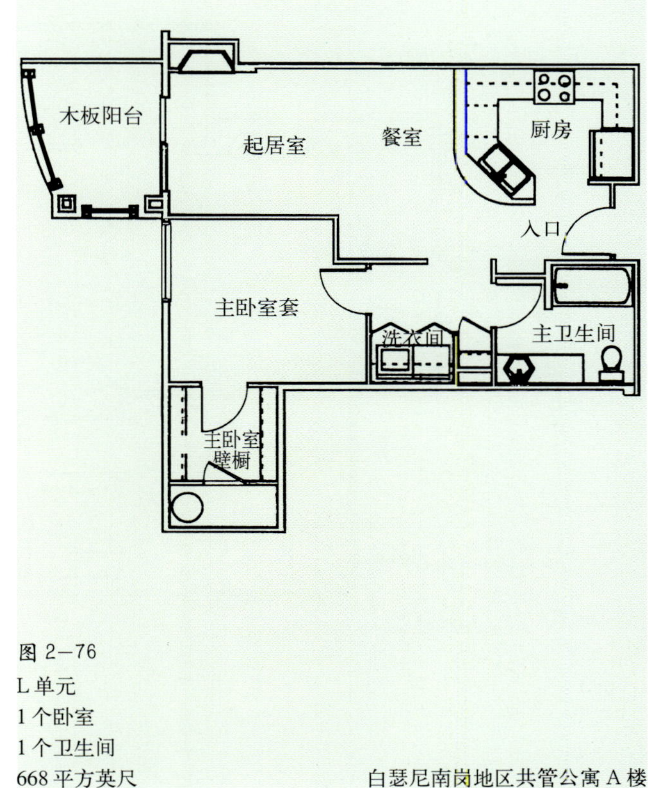

图 2—76
L 单元
1 个卧室
1 个卫生间
668 平方英尺

白瑟尼南岗地区共管公寓 A 楼

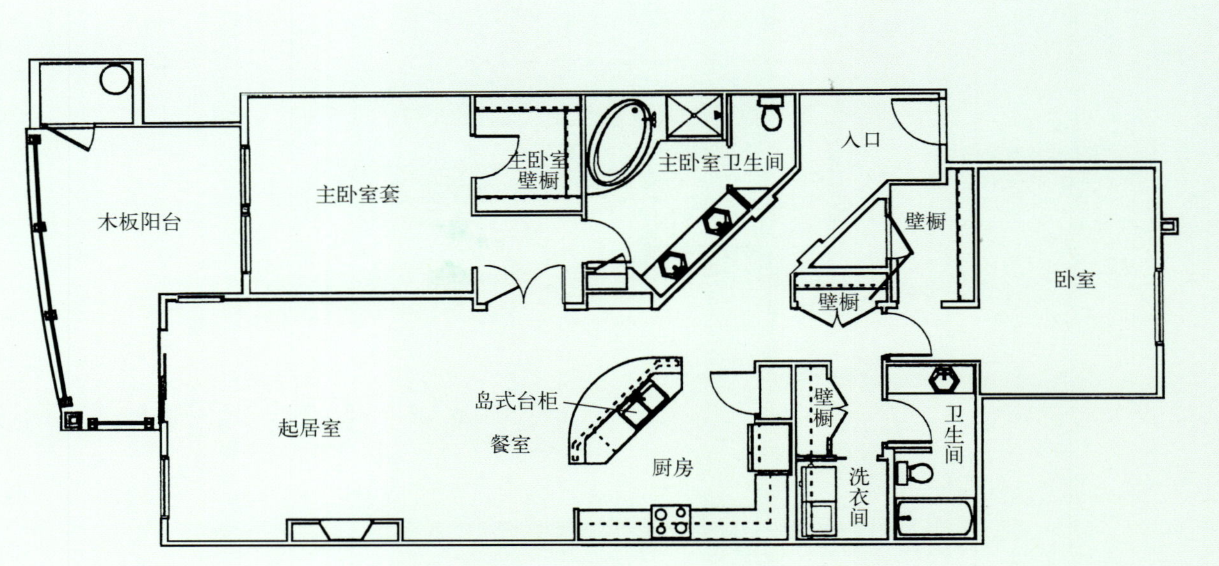

图 2-77
A2 单元
2 个卧室
2 个卫生间
1680 平方英尺

白瑟尼南岗地区共管公寓 B 楼

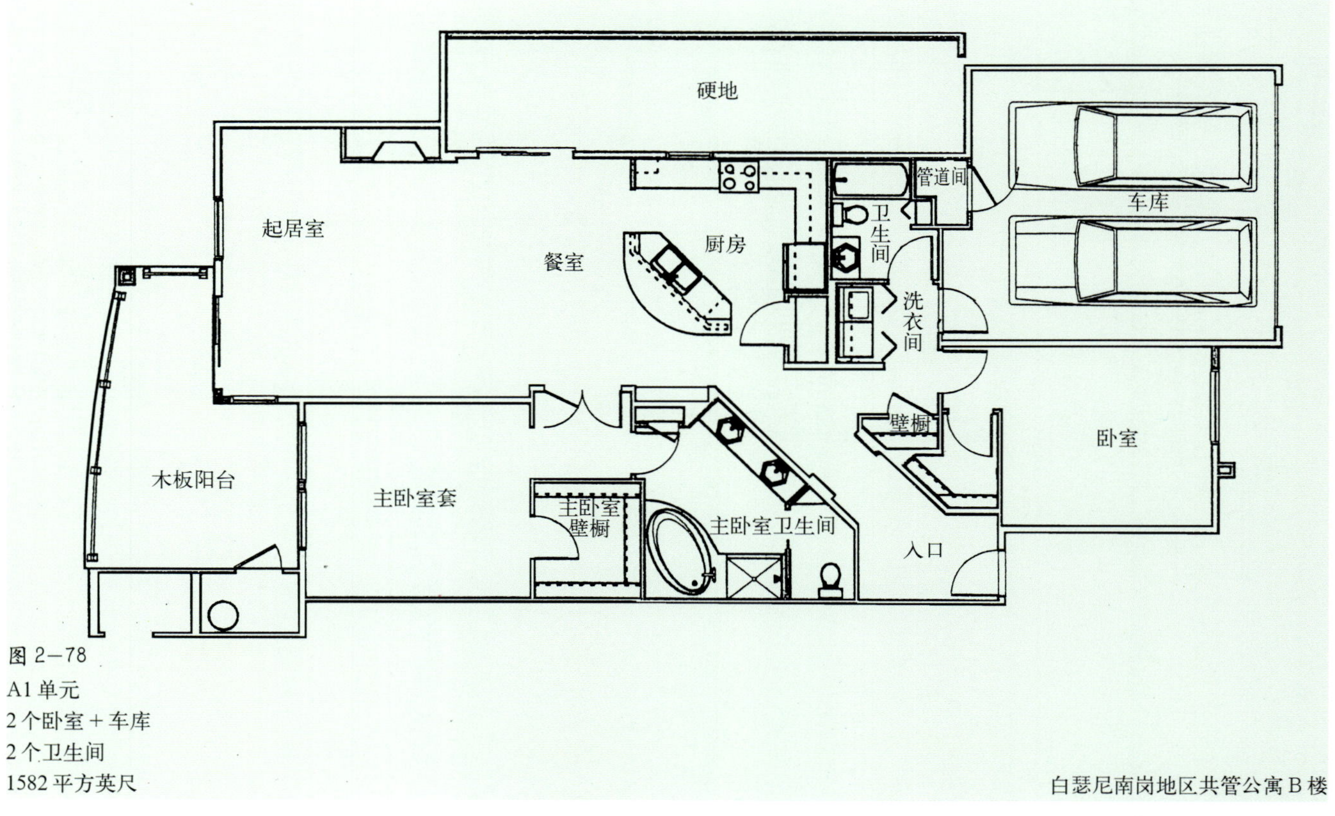

图 2-78
A1 单元
2 个卧室 + 车库
2 个卫生间
1582 平方英尺

白瑟尼南岗地区共管公寓 B 楼

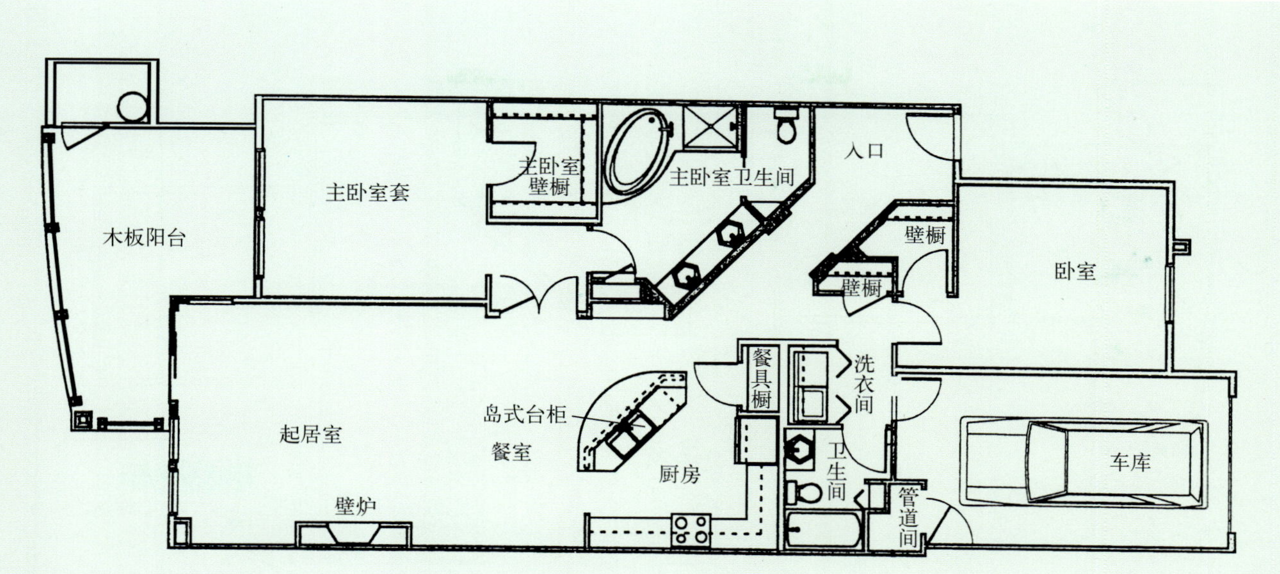

图 2—79
A4 单元
2 个卧室 + 车库
2 个卫生间
1550 平方英尺

白瑟尼南岗地区共管公寓 B 楼

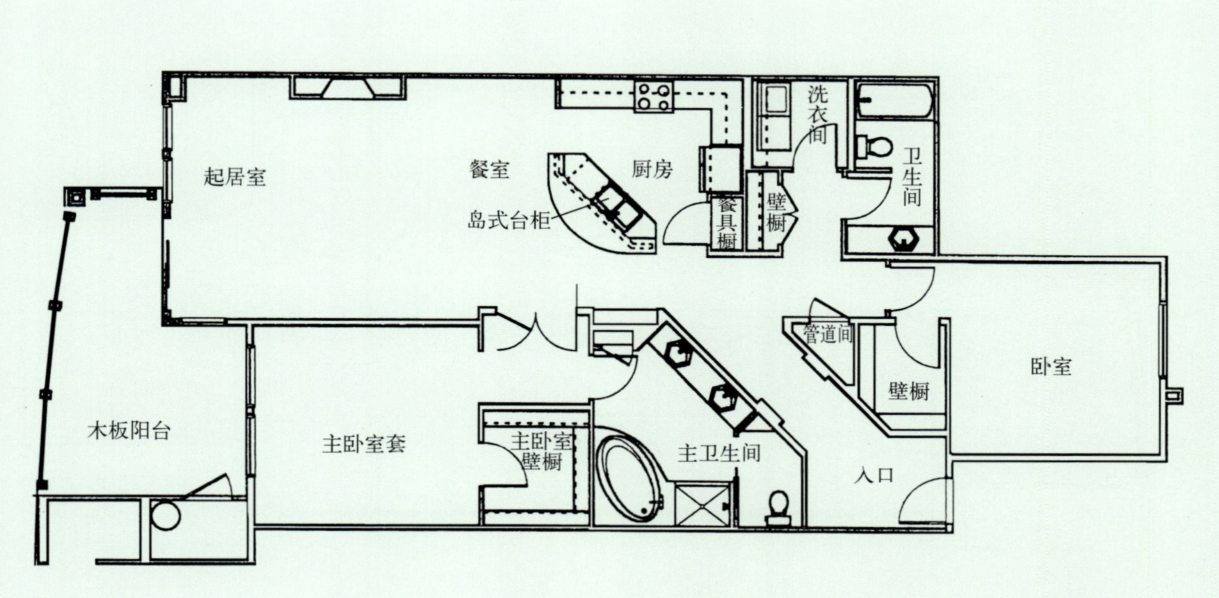

图 2—80
A3 单元
2 个卧室
2 个卫生间
1610 平方英尺

白瑟尼南岗地区共管公寓 B 楼

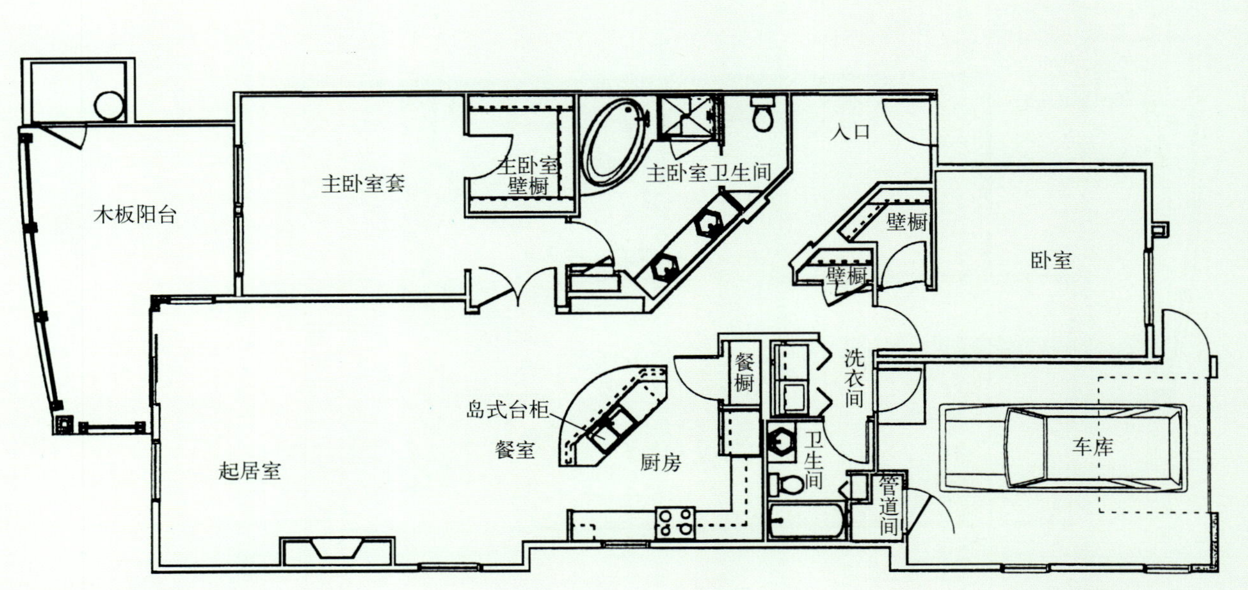

图 2—81
A7 单元
2 个卧室 + 车库
2 个卫生间
1582 平方英尺

白瑟尼南岗地区共管公寓 B 楼

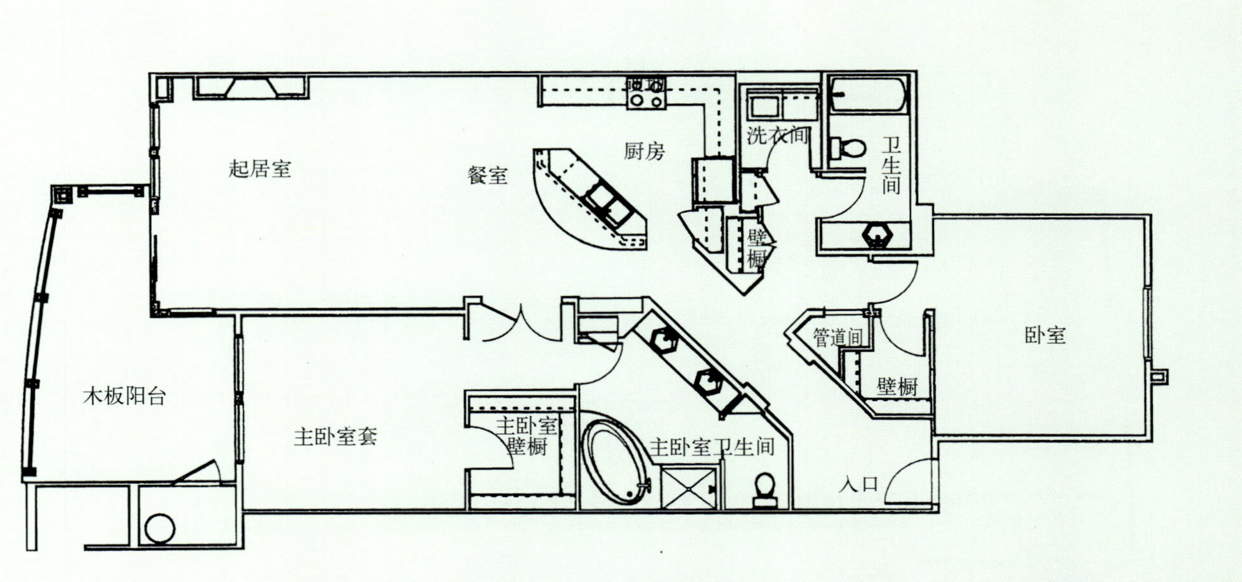

图 2—82
A5 单元
2 个卧室
2 个卫生间
1625 平方英尺

白瑟尼南岗地区共管公寓 B 楼

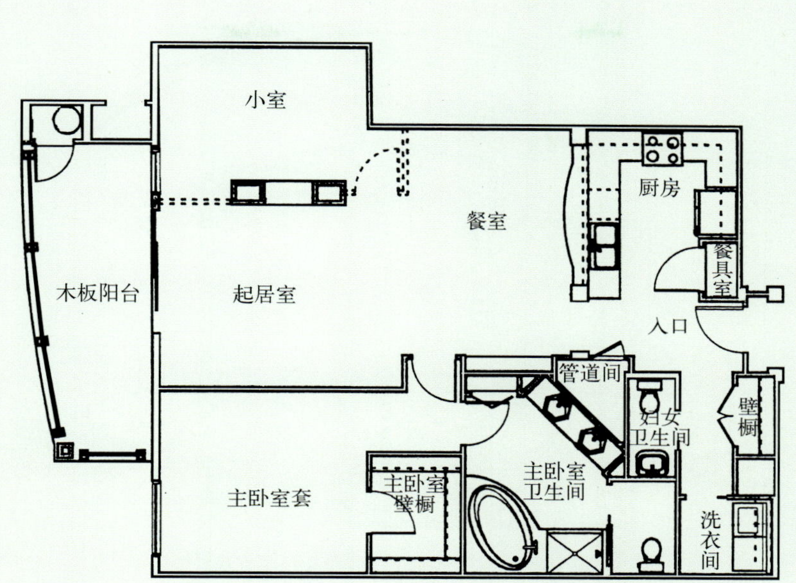

图 2—83
C 单元
1—1/2 卫生间
1245 平方英尺

白瑟尼南岗地区共管公寓 B 楼

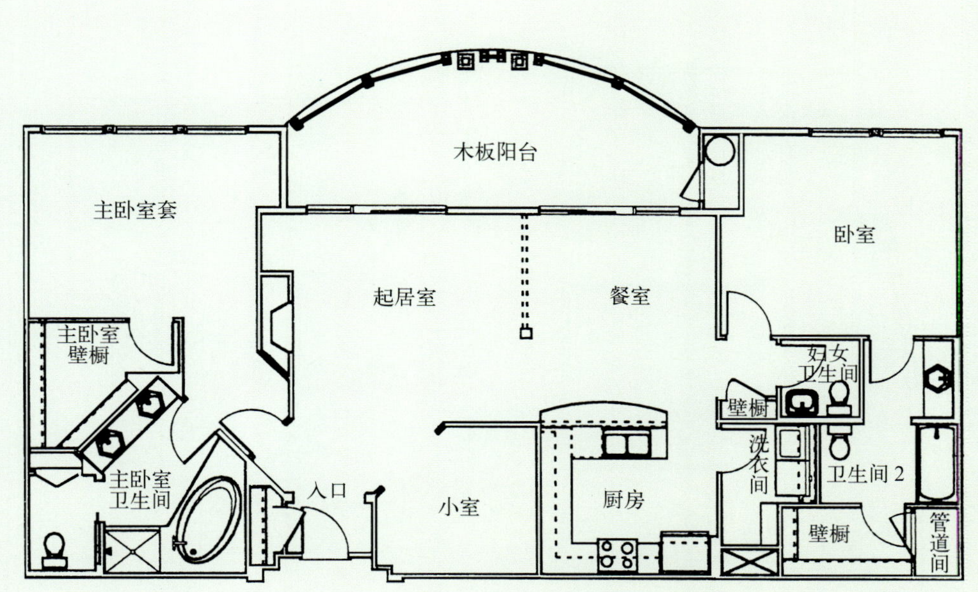

图 2—84
B 单元
2 个卧室 + 小室
2—1/2 卫生间
1621 平方英尺

白瑟尼南岗地区共管公寓 B 楼

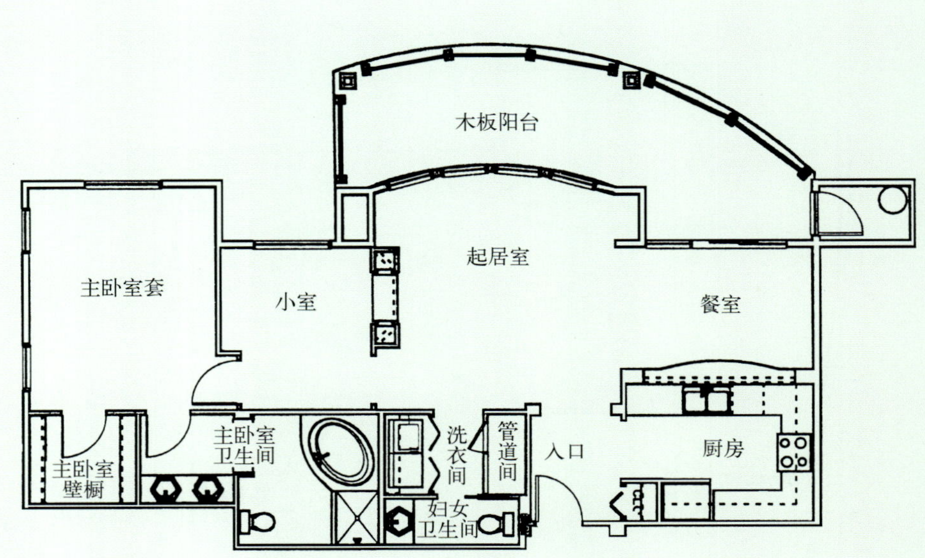

图 2—85
E 单元
1 个卧室 + 小室
1 —1/2 卫生间
1084 平方英尺

白瑟尼南岗地区共管公寓 B 楼

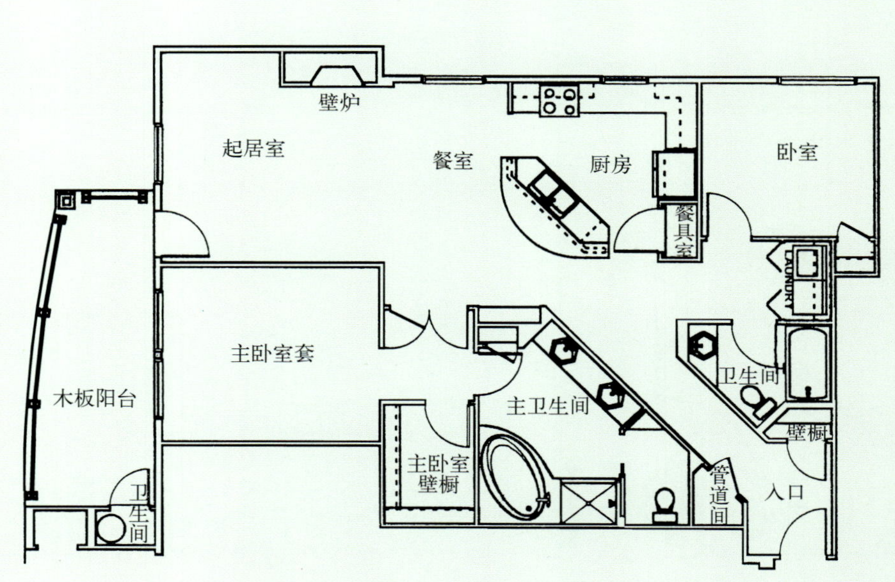

图 2—86
D 单元
2 个卧室
2 个卫生间
1305 平方英尺

白瑟尼南岗地区共管公寓 B 楼

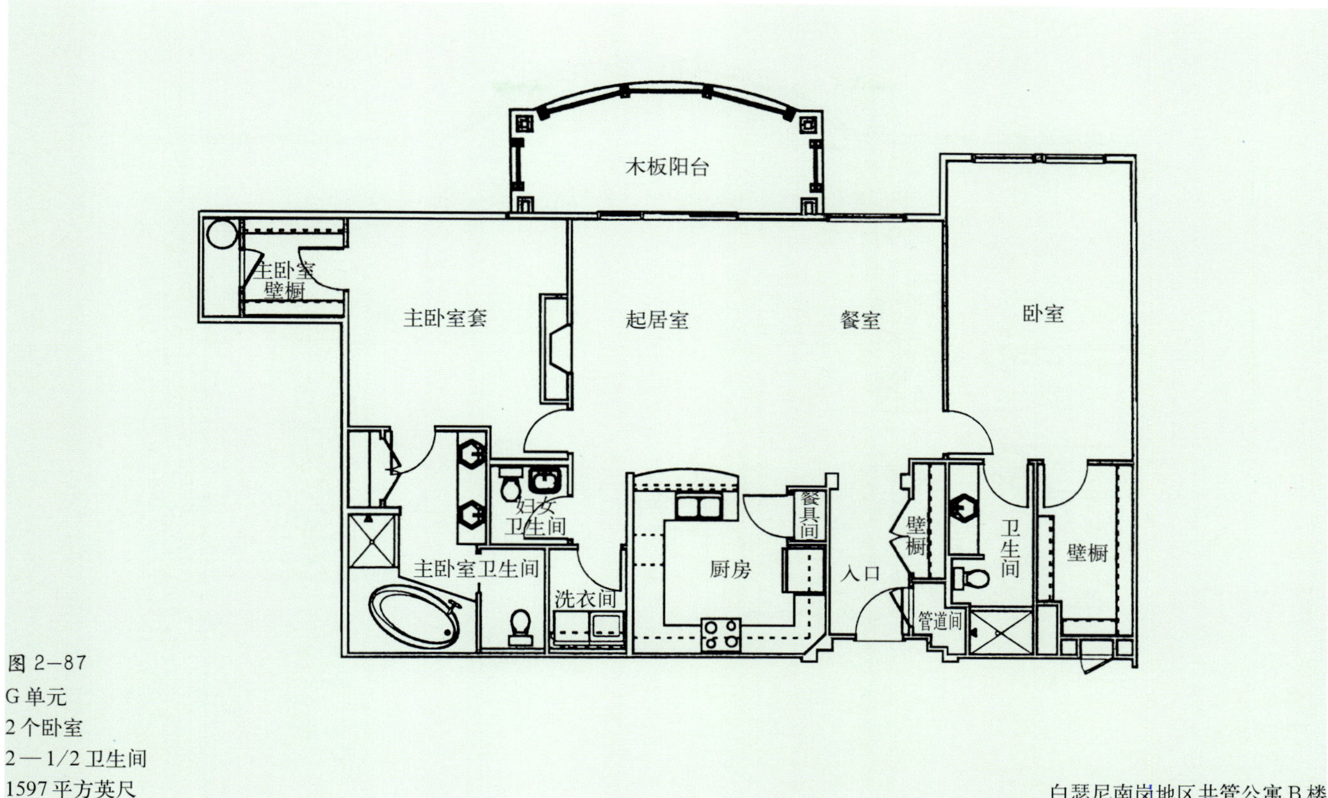

图 2—87
G 单元
2 个卧室
2—1/2 卫生间
1597 平方英尺

白瑟尼南岗地区共管公寓 B 楼

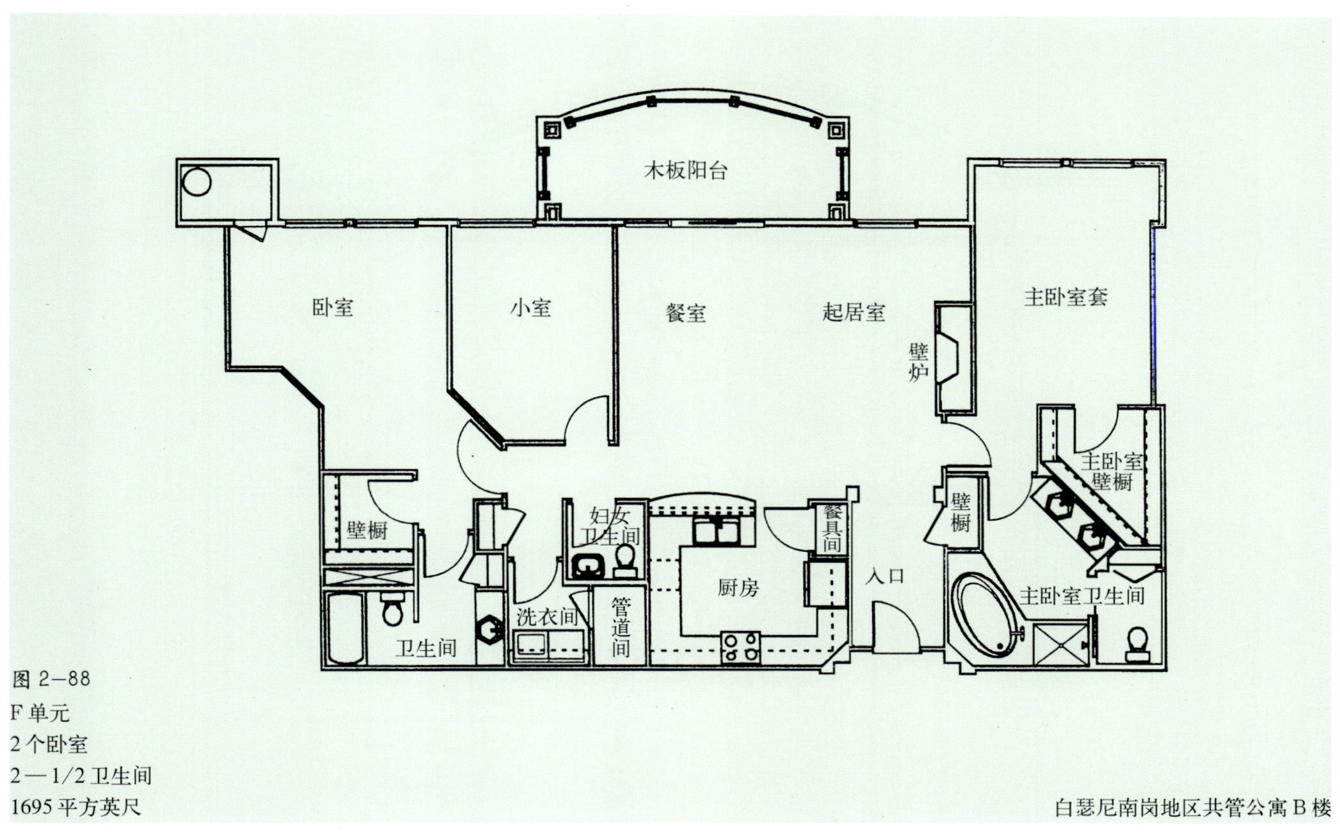

图 2—88
F 单元
2 个卧室
2—1/2 卫生间
1695 平方英尺

白瑟尼南岗地区共管公寓 B 楼

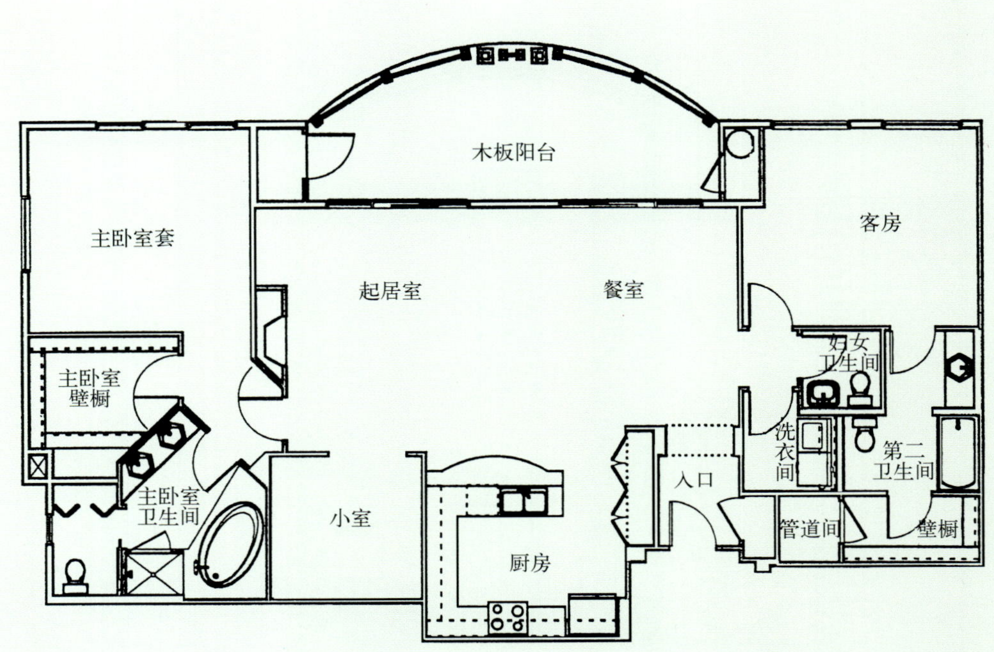

图 2—89
M 单元
2 个卧室 + 小室
2 — 1/2 卫生间
1747 平方英尺

白瑟尼南岗地区共管公寓 B 楼

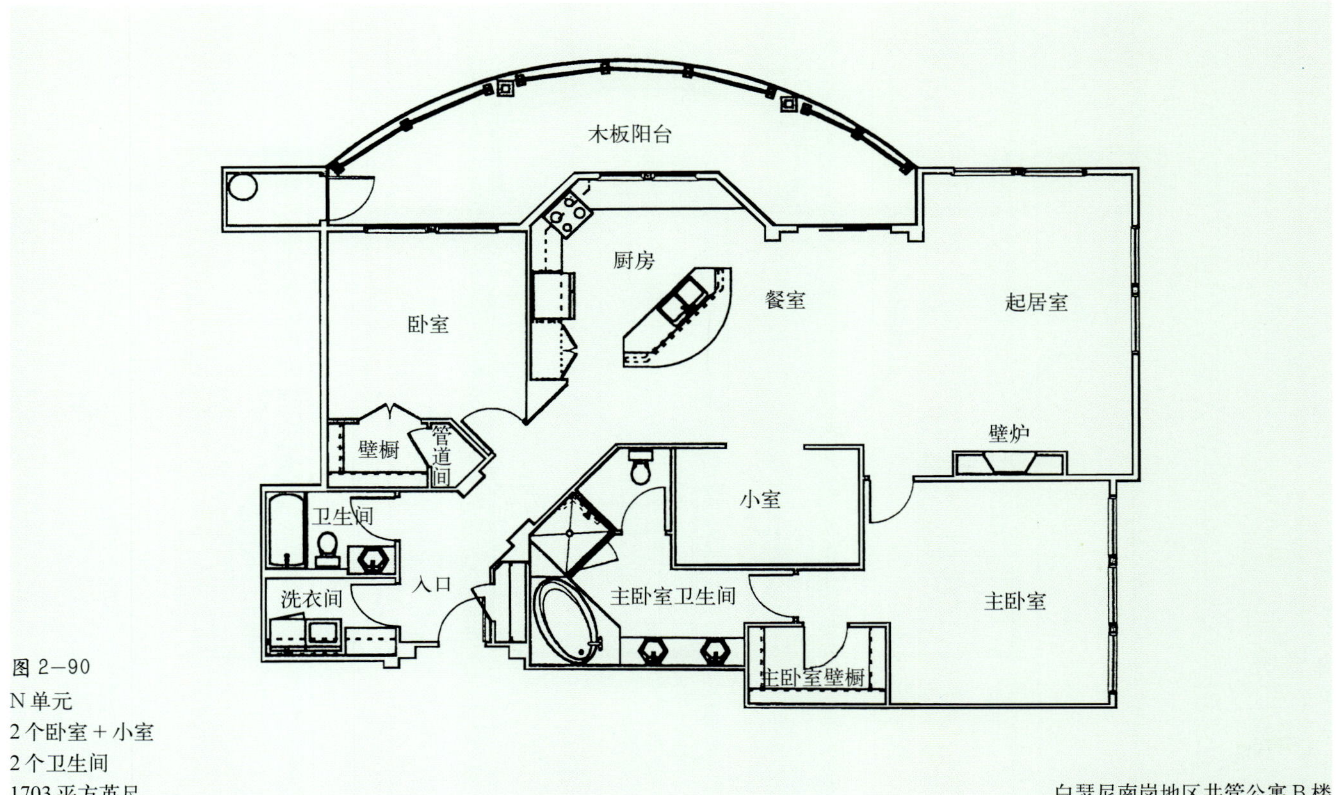

图 2—90
N 单元
2 个卧室 + 小室
2 个卫生间
1703 平方英尺

白瑟尼南岗地区共管公寓 B 楼

九、跃层联排公寓(TOWN HOUSE)

- 塘前跃层联排公寓
- 狮子门跃层联排公寓
- 森林跃层联排公寓

塘前跃层联排公寓

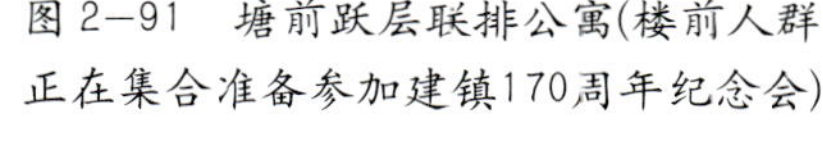
图 2—91　塘前跃层联排公寓(楼前人群正在集合准备参加建镇170周年纪念会)

图 2—92　塘前跃层联排公寓中间部分

图 2—93　塘前跃层联排公寓的另一端

山核桃脊跃层联排住宅(一)、(二)、(三)设施与特点:

- 房屋进深方向大、节约用地
- 主要房间布置在平面上的两方外侧,采光通风良好
- 辅助用房(楼梯间、餐室、卫生间等)布置在中部光线较差地区,空间利用合理
- 独门独户、干扰少
- 每个单元有三个卧室(主卧室套+2个次要卧室)。
- 每个单元有2.5个卫生间(2个卫生间+1个无浴缸的卫生间,一般称之为半个卫生间)
- 平面布置有(一)、(二)、(三)几种方案,选择灵活性较多。有的房间可根据购房人爱好和需要灵活建造
- 各个方案均有A、B两种立面处理,有利于美化市容街容,购房人可灵活处理
- 储藏间面积大、使用方便
- 一般设备齐全
- 邻近公交线路和高速公路,上下班、购物、娱乐、医疗方便
- 住宅附近有幼儿园、初中、高中等教育机构

山核桃脊跃层联排住宅(一)

山核桃脊跃层联排住宅为地下一层、地上两层、六户联排共同组成一栋住宅,现介绍如下:

● 面积:

- 居住面积181.90m²
- 车库21.09m²
- 地下室88.26m²
- 总计291.24m²

● 房型:

- 3个卧室(主卧室+2个次要卧室
- 2.5个卫生间(0.5个卫生间——无浴缸的卫生间)

主卧室的卫生间设有恭桶、淋浴、浸浴、双洗脸盆、化妆台柜等

- 起居室
- 家庭室
- 厨房
- 餐室
- 车库
- 两个可进人的壁橱(男女主人一人一个)
- 洗衣房
- 入口、门厅
- 储藏室
- 二层平面布置有两种方案

● 设施和特点:

见图2−94

山核桃脊跃层联排住宅(二)

● 面积

- 居住面积177.16m²
- 车库19.79m²
- 地下室86.95m²
- 总计283.90m²

● 房型

- 3个卧室(主卧室+2个次要卧室)。主卧室的卫生间设有恭桶、淋浴、浸浴、双洗脸盆、化妆台柜等
- 起居室
- 家庭室
- 厨房
- 餐室
- 两个可进人的壁橱(男女主人一人一个)
- 洗衣房
- 储藏室
- 入口、门厅
- 车库
- 二层平面布置有两种方案

● 设备和特点

见图2−95

山核桃脊跃层联排住宅(三)

● 面积

- 居住面积137.12m²
- 车库21.09m²
- 地下室68.75m²
- 总计226.95m²

● 房型

- 3个卧室(主卧室+2个次要卧室)
- 2.5个卫生间(0.5个卫生间——无浴缸的卫生间)。主卧室的卫生间设有恭桶、淋浴、浸浴、双洗脸盆、化妆台柜等
- 起居室
- 家庭室
- 厨房
- 餐室
- 两个可进人的壁橱(男女主人一人一个)
- 洗衣房
- 储藏室
- 入口、门厅
- 车库
- 二层平面布置有两种方案

● 设施和特点

见图2−96

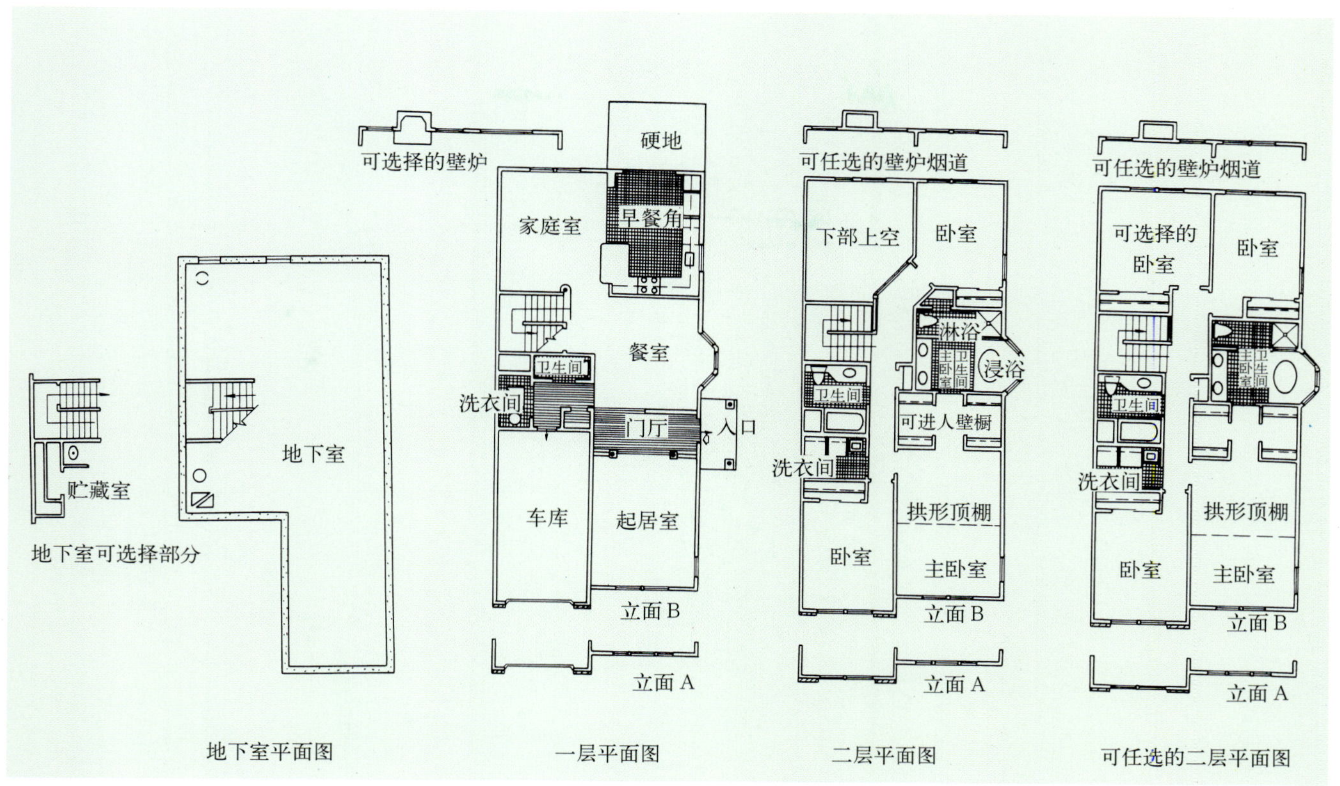

图 2—94 山核桃脊跃层联排式公寓(一)

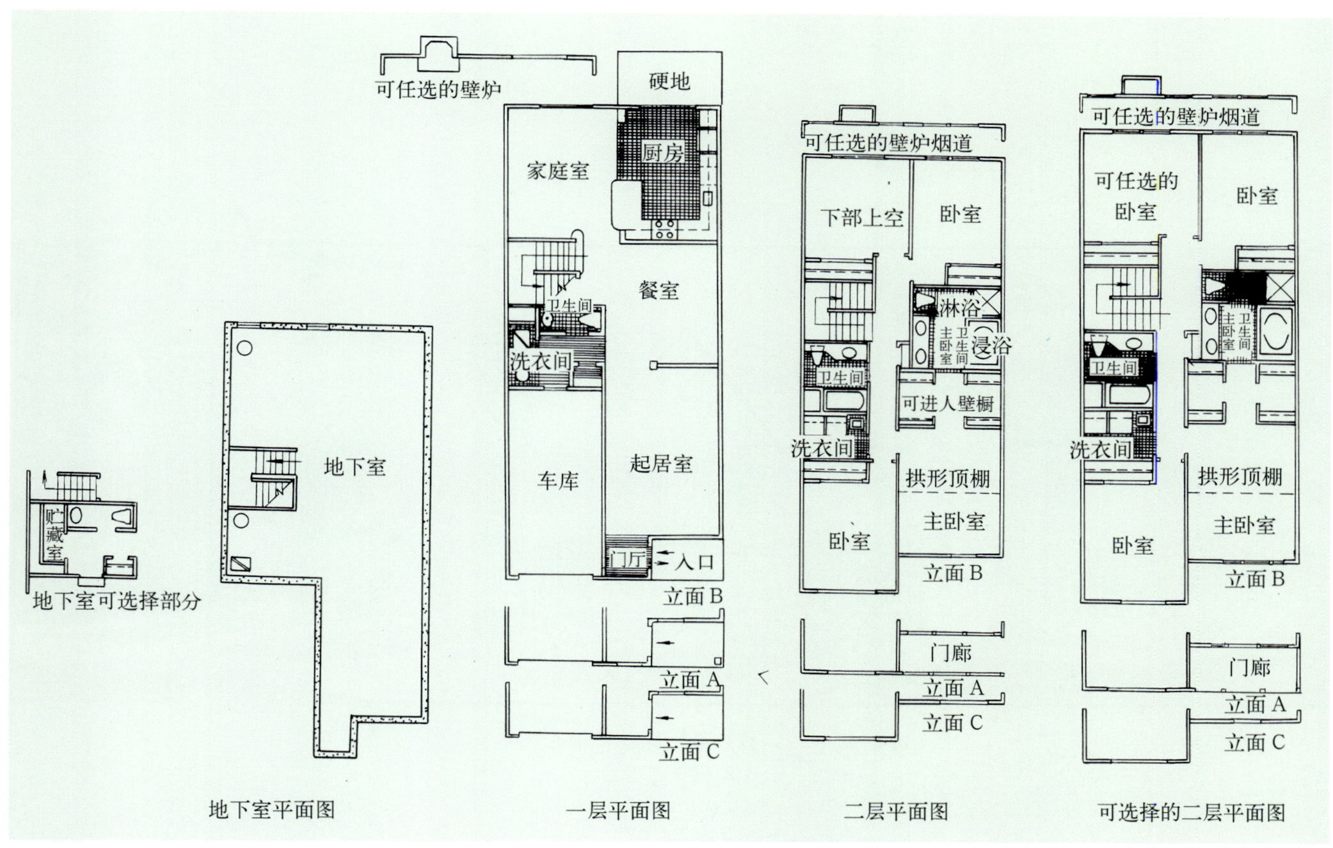

图 2—95 山核桃脊跃层联排式公寓(二)

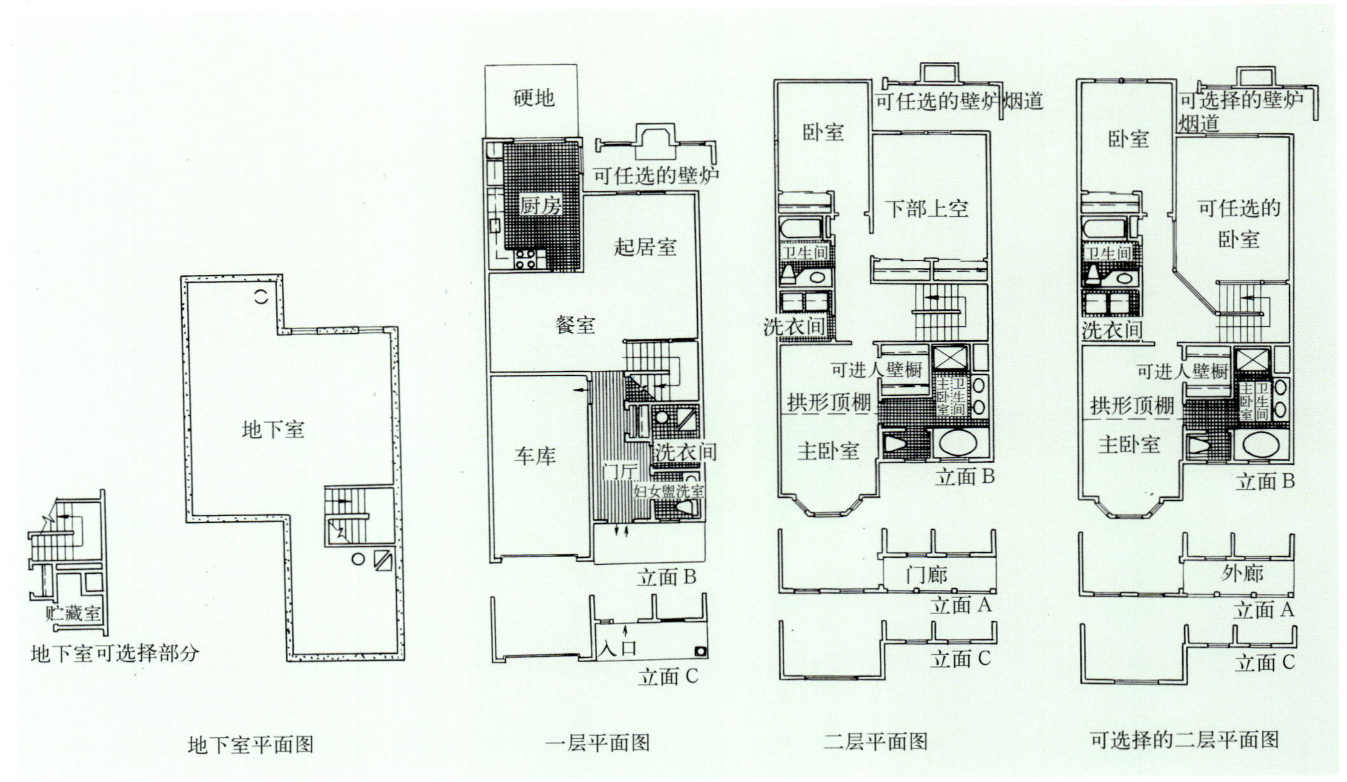

图 2—96　山核桃脊跃层联排式公寓(三)

图 2—97　“山核桃脊”跃层联排式住宅外观图

狮子门跃层联排式公寓

图 2—98 公寓楼群外部景观

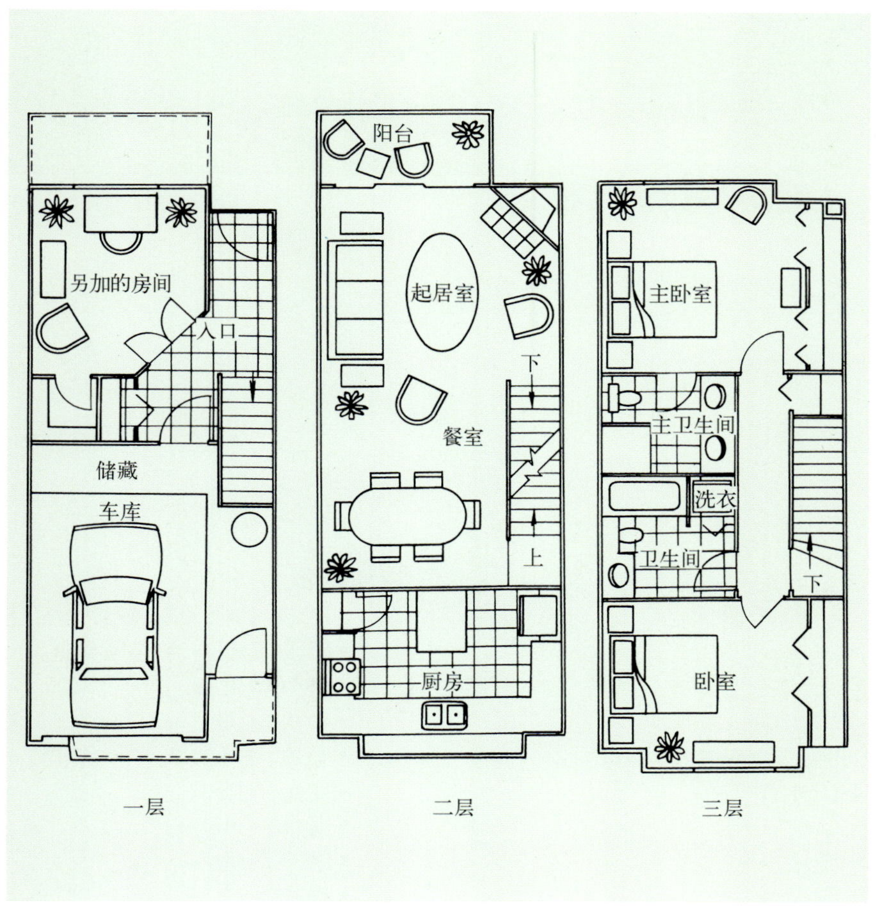

图 2—99 一、二、三层平面图

房型：

三层跃层联排式公寓

• 1 个卧室、1 个卫生间

• 2 个卧室、2 个卫生间

• 3 个卧室、2 个卫生间

狮子门跃层联排式三层公寓位于某市中心的高尚区，设计合理，居住舒适，一层带有外加的小室可作书房、工作室、客房或卧室，有车库，有楼梯连接各层，独门独户，使用方便。

设施和特点：

• 精心设计的各层平面，其空间组合良好

• 附带1或2个车位的车库及大型储藏间

• 私人入口、私人阳台

• 24 小时健身中心

• 燃木料壁炉

• 商务和会议中心

• 宽敞的主卧室

• 洗衣机、干燥机

• 美观的游泳池和温泉浴池

• 9 英尺高拱形顶棚

• 专业工作人员服务

森林跃层联排(Town Home)公寓

图 2—100　公寓楼外观与庭园绿化风貌

概况：

公寓兼有跃层联排的特色，又突出了宾至如归的亲切家庭式温馨感觉。邻近地区还有合作中心、购物中心、娱乐、餐饮中心和完善的教育设施。

房型：

•2 个卧室、1—1/2 个卫生间

•2 个卧室 + 小室、1—1/2 个卫生间

•3 个卧室 + 小室、2—1/2 个卫生间

设施与特点：

•私家入口、私家硬地/阳台
•厨房里配有专门用餐区
•煤气费低廉
•中央空调
•私家用洗衣机、干燥机
•宽敞壁橱
•游泳池
•游戏场地
•昼夜急救
•步行距离购物

十、别有特色的公寓

- 乡土建筑风格公寓
- 团形公寓
- 阳光和阴影建筑艺术公寓
- 地平线公寓
- 英国村公寓
- 猎人幽谷公寓
- 皇家花园公寓

鹿溪公寓

图 2—101 鹿溪公寓的公寓楼及停车场

图 2—102 鹿溪公寓的木瓦外墙——保温、隔热的乡土建筑景观

环境：

周围有森林、池塘以及大面积草地，还有一英里多长的散步小路，野生动物在觅食嬉戏。沿散步小路两侧有健身场地、儿童游戏场地和篮球场、网球场等设施，是个良好的人居环境。

房型：

- 1 个卧室、1 个卫生间
- 2 个卧室、1 个卫生间
- 2 个卧室、2 个卫生间
- 3 个卧室、2 个卫生间

设施及特点：

- 阳台／硬地
- 充足的储藏空间
- 免费供应冷热水
- 室外游泳池＋儿童池
- 落地窗
- 木瓦外墙保温、隔热、经济、实惠
- 乡土建筑景观别有韵味

团形公寓

图2—103　某地团形公寓——用地集中，利于节约土地资源，其建筑造型独特，景观别具一格

双溪公寓——阳光和阴影的建筑艺术

图 2—104 阳光与阴影对比强烈的休息棚架

图 2—105 公寓中心部分透视

房型：

- 1 个卧室、1 个卫生间
- 2 个卧室、1 个卫生间
- 2 个卧室、2 个卫生间
- 3 个卧室、2 个卫生间

环境与设施：

- 美观的三层跃层联排公寓
- 附有另外可作办公室的小间
- 岛式柜台美观厨房
- 一层有方便的私密入口
- 昼夜休闲设施
- 宽敞的 1 或 2 个附属车库
- 热水游泳池和温泉池
- 特殊的森林河流景观

地平线公寓

图 2—106　公寓楼的木瓦外墙——鲜明的乡土风格

概况：

这里兼有宽敞和豪华的住宅。木外墙维护结构保温、隔热、防寒，又表现出浓郁的地方风情本色。

房型：

- 1 个卧室、1 个卫生间
- 1 个卧室＋小室(den)、1 个卫生间
- 2 个卧室＋小室(den)、1 个卫生间

设施与特点：

- 平面宽敞
- 私人阳台、私家入口
- 奥林匹克式游泳池
- 篮球场、网球场
- 硬木地板
- 洗衣设备
- 容易和公共交通联接

英国村公寓

图 2-107　公寓外观——传统的英国式建筑风韵

概况：

这里是一个温馨如家的公寓住宅。接到你的租约后 24 — 48 小时以内，将一个设施齐全的新家替你准备好。这里的建筑是英国式的，拥有纯正的英式公寓的韵味。

房型：

- 1 个卧室、1 个卫生间 + 小室
- 2 个卧室、1 个卫生间
- 跃层联排(Town houses)公寓

设施与特点：

- 设备完善的厨房
- 游泳池、桑拿浴
- 2 个网球场
- 俱乐部、健身房
- 电视、游戏室
- 中等房租水平
- 租期自由
- 布置服务免费

猎人幽谷公寓

图 2-108　公寓楼及内部庭园一角

图 2-109　内部庭院绿化

概况：

这里有良好的人居环境和各种活动场所。这里人文环境优越，附近有著名普林斯顿大学和茹加骑士学院，也有良好的中小学教育学区，是一个高尚的社区。

房型：

- 1 个卧室、1 个卫生间
- 2 个卧室、1 个卫生间
- 2 个卧室、2 个卫生间

设施与特点：

- 去纽约和费城工作不超过1小时的车程
- 全部公寓内部粉饰一新
- 周围有宽敞的高尔夫场地
- 3 个游泳池
- 休闲和健身用的散步小路
- 保留地区原始风貌
- 步行购物距离
- 私家用硬地、木板阳台
- 充足的储存面积
- 欢迎宠物，但受到一定约制
- 全部粉刷一新
- 保证昼夜维修
- 充足的游戏场地

皇家花园公寓

图 2—110　皇家花园公寓外部透视

图 2—111　居室内部透视

概况：

享受皇家待遇是我们的宗旨。经久热心的服务和宾至如归的社区氛围是我们的特征。

房型：

- 1 个卧室、1 个卫生间
- 2 个卧室、1 个卫生间
- 2 个卧室、1 个卫生间＋小室(den)

设施与特征：

- 就学、就医、购物、餐饮，看电影、去超市都方便
- 半私人用外部入口
- 免费停车场
- 昼夜急救和电话维修
- 免费供热、免费供热水、灶用煤气
- 高级全新洗碗机、微波炉
- 空调、新式百叶窗
- 满铺地板
- 奥林匹克标准游泳池
- 固定式洗衣设备
- 篮球场、野餐用地
- 有线电视
- 房间满铺地毯
- 厨房里带用餐面积

十、其他公寓

- 纽约皇后区跃层联排公寓
- 波特兰某小区的双连式公寓
- 某市南岗地区联排公寓
- 大学花园学生公寓

纽约皇后区跃层联排公寓

图 2—112　公寓沿街一角外观

波特兰某小区双联式公寓

图 2—113　双联式公寓后部透视

图 2—114　双联式公寓前部透视

南岗地区联排公寓

图 2—115　波特兰南岗联排公寓(有阁楼)

图 2—116　波特兰南岗联排公寓后部景色(一)

图 2—117　波特兰南岗联排公寓后部景色(二)